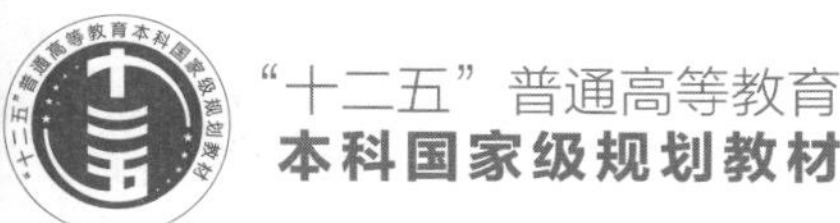

"十二五"普通高等教育
本科国家级规划教材

大学计算机基础实践教程

慕课版

◆ 甘勇 尚展垒 贺蕾 编著

人民邮电出版社
北京

图书在版编目（CIP）数据

大学计算机基础实践教程 ：慕课版 / 甘勇，尚展垒，贺蕾编著. -- 北京 ：人民邮电出版社，2017.8
ISBN 978-7-115-44922-1

Ⅰ. ①大… Ⅱ. ①甘… ②尚… ③贺… Ⅲ. ①电子计算机－高等学校－教材 Ⅳ. ①TP3

中国版本图书馆CIP数据核字(2017)第032085号

内容提要

本书是《大学计算机基础（慕课版）》一书的配套上机指导与习题集。全书共分为两个部分。第一部分是上机指导，对应主教材的计算机与信息技术基础、计算机系统的构成、操作系统基础、计算机网络与因特网、文档编辑软件 Word 2010、电子表格软件 Excel 2010、演示文稿软件 PowerPoint 2010、常用工具软件、信息安全与职业道德、计算机新技术及应用这 10 章节的内容；第二部分是习题集，按照计算机一级 MS Office 等级考试大纲和《大学计算机基础（慕课版）》的内容，设计了各类题目，题目类型主要有单选题、多选题、判断题和操作题，并附有参考答案，方便学生自测练习。

本书可作为高校各专业“大学计算机基础”课程的教材，也可作为计算机培训班或计算机等级考试一级 MS Office 自学的参考书。

◆ 编　　著　甘　勇　尚展垒　贺　蕾
责任编辑　税梦玲
责任印制　杨林杰
◆ 人民邮电出版社出版发行　　北京市丰台区成寿寺路 11 号
邮编　100164　　电子邮件　315@ptpress.com.cn
网址　http://www.ptpress.com.cn
三河市祥达印刷包装有限公司印刷
◆ 开本：787×1092　1/16
印张：9.5　　2017 年 8 月第 1 版
字数：269 千字　　2024 年 8 月河北第16次印刷

定价：28.00 元

读者服务热线：(010)81055256　印装质量热线：(010)81055316
反盗版热线：(010)81055315
广告经营许可证：京东市监广登字 20170147 号

前言 FOREWORDS

随着经济和科技的发展，计算机已成为人们工作和生活中不可缺少的一部分。现在，计算机技术在信息社会中的应用是全方位的，已广泛应用到军事、科研、经济和文化等各个领域，其意义不仅体现在科学和技术层面，在社会文化层面也发挥着巨大的作用。因此，能够运用计算机进行信息处理已成为每位大学生必备的基本能力。

"大学计算机基础"作为一门普通高校的公共基础必修课程，其学习的用途和意义是重大的，对学生今后的工作有较大的帮助。为了弥补学生实际操作能力训练的不足，满足计算机等级考试一级 MS Office 的操作要求，我们在编写《大学计算机基础（慕课版）》教材的同时，编写了配套的辅导教材，用于学生上机操作和课后练习。

内容特点

要掌握计算机的基本操作，必须进行大量练习，因此，本书为学生提供了大量的上机操作指导和练习题，均与主教材《大学计算机基础（慕课版）》的内容相对应，且单选题、多选题、判断题的答案已在附录中给出，便于学生自测。下面将本书内容阐述如下。

第一部分内容为上机指导，根据《大学计算机基础（慕课版）》的内容，本书将分别列出对应章节的上机指导，以便于学生在上机实训时使用。

第二部分内容为习题集，按照《大学计算机基础（慕课版）》的内容，本书将分别列出对应章节的练习题。计算机基础知识和计算机系统知识的习题设定为单选题、多选题和判断题；对于 Windows 7、Word 2010、Excel 2010、PowerPoint 2010、计算机网络基础和计算机维护与安全部分的内容，除了给出单选题、多选题和判断题，还给出操作题，操作题部分是学生必须掌握的重要内容。另外，我们针对第二部分的习题录制了微课视频，学生可扫描书中对应的二维码进行在线观看，轻松掌握知识。

平台支撑

为了便于学习，人民邮电出版社还为学生提供了一套完整的慕课，慕课视频放在人民邮电出版社自主开发的在线教育慕课平台——人邮学院（见图 1）。学生可根据自身情况，随时随地使用计算机、平板电脑以及手机，在课时列表（见图 2）中选择课时进行学习。若在学习中遇到困难，还可到讨论区（见图 3）提问，导师会及时答疑解惑，其他同学也可帮忙解答，互相交流学习心得。

图 1 人邮学院

FOREWORDS

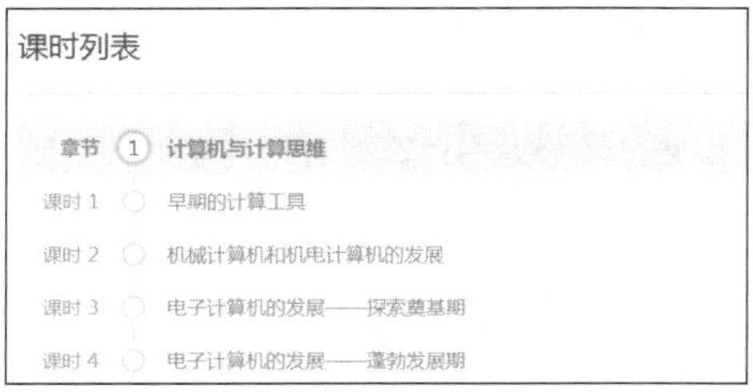

课时列表

章节 1 计算机与计算思维
课时 1 早期的计算工具
课时 2 机械计算机和机电计算机的发展
课时 3 电子计算机的发展——探索奠基期
课时 4 电子计算机的发展——蓬勃发展期

图 2　课时列表

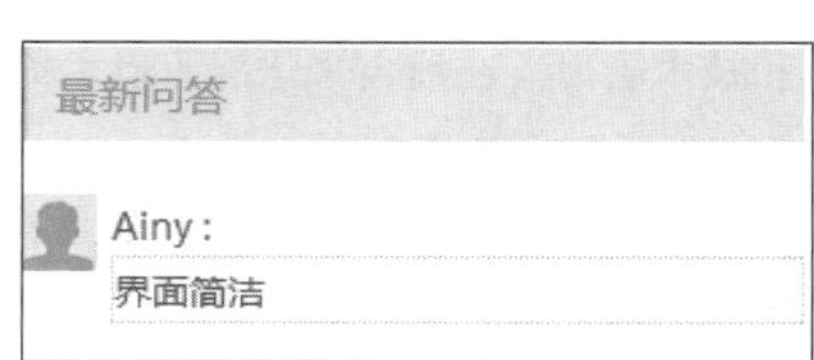

图 3　讨论区

选用本套教材的教师请致电人民邮电出版社（010-81055236）开通人邮学院慕课平台，人民邮电出版社还将为选书学校提供考试系统的服务。另外，与本书配套的素材和效果图等资料请前往 www.ryjiaoyu.com 进行下载。

编　者

2016 年 12 月

目录 CONTENT

第一部分　上机指导

CONTENT

CONTENT

CONTENT

第一部分

上机指导

Chapter

1

第1章 计算机与信息技术基础

1.1 计算机的发展

1.1.1 早期的计算工具

按时间的先后顺序来讲，早期的计算工具有 4 种：小石头、算筹、算盘、计算尺。

1.1.2 机械计算机和电机计算机的发展

机械计算机就是由一些机械部件，如齿轮、杆、轴等构成的计算机。查尔斯•巴贝奇发明了分析机。分析机主要有 3 个思想：一是用卡片上的程序来控制分析机的工作；二是包括计算单元和记忆单元；三是可根据中间结果的正负号，进行不同的处理。分析机已经具备了现代计算机的核心部件和主要思想，遗憾的是当时的工艺满足不了分析机的要求，最终未能研制成功。

机电计算机的发展较短，主要代表人物有克兰德 • 楚泽和霍华德 • 艾肯。

1.1.3 电子计算机的发展——探索奠基期

电子计算机就是以电子管、晶体管、集成电路等电子元件为主要部件的计算机，电子计算机的发展可分为 3 个时期：探索奠基期、稳步发展期、蓬勃发展期。

探索奠基期主要的事件包括：技术基础的建立、理论基础的建立、ABC（阿塔纳索夫•贝瑞计算机）的发明、Colossus 计算机的发明、ENIAC（电子数字积分计算机）的发明、EDVAC（离散变量自动电子计算机）的发明。

1.1.4 电子计算机的发展——蓬勃发展期

从 ENIAC 诞生后，计算机技术成为发展最快的现代技术之一。电子计算机的蓬勃发展经历了 30 年左右的时间，共有 4 个阶段，如表 1-1 所示。

表 1-1 计算机发展的 4 个阶段

阶段	划分年代	采用的元器件	运算速度（每秒指令数）	主要特点	应用领域
第一代计算机	1946 年～1957 年	电子管	几千条	主存储器采用磁鼓，体积庞大耗电量大，运行速度低，可靠性较差，内存容量小	国防及科学研究工作
第二代计算机	1958 年～1964 年	晶体管	几万至几十万条	主存储器采用磁芯，开始使用高级程序及操作系统，运算速度提高，体积减小	工程设计、数据处理

续表

阶段	划分年代	采用的元器件	运算速度（每秒指令数）	主要特点	应用领域
第三代计算机	1965 年～1970 年	中小规模集成电路	几十万至几百万条	主存储器采用半导体存储器，集成度高，功能增强，价格下降	工业控制、数据处理
第四代计算机	1971 年至今	大规模、超大规模集成电路	上千万至万亿条	计算机走向微型化，性能大幅度提高，软件也越来越丰富，为网络化创造了条件。同时计算机逐渐走向人工智能化，并采用了多媒体技术，具有听、说、读、写等功能	工业、生活等各个方面

1.1.5 计算机的发展展望

1. 计算机的发展趋势

计算机的发展趋势主要包括 4 个方面：巨型化、微型化、网络化和智能化。

2. 制作中的新型计算机

新型计算机主要体现在新的原理、新的元器件。目前，制作中的新型计算机有 3 种：DNA 生物计算机、光计算机和量子计算机。

1.2 计算机的基本概念

1.2.1 计算机的定义和特点

1. 计算机的定义

广义地讲，计算机是能够辅助或自动计算的工具。早期的计算工具属于辅助计算的工具，机械计算机、机电计算机和电子计算机属于自动计算的工具。狭义地讲，计算机是指现代电子数学计算机，即基本部件由电子器件构成，内部能存储二进制信息，处理过程由内部存储的程序自动控制的计算工具。

2. 计算机的特点

计算机主要有运算速度快、计算精度高、逻辑判断能力准确、存储能力强大、自动化程度高，以及具有网络与通信功能等特点。

1.2.2 计算机的性能指标和分类

1. 计算机的性能指标

计算机的性能指标就是衡量一台计算机强弱的指标，通常有字长、速度、存储容量、外部设备的配置和软件的配置 5 个指标。

2. 计算机的分类

计算机的种类非常多，划分的方法也有很多种。按计算机的用途可将其分为专用计算机和通用计算机两种。按计算机的性能、规模和处理能力，可以将计算机分为巨型机、大型机、中型机、小型机和微型机 5 类。

1.2.3 计算机的应用领域和工作模式

1. 计算机的应用领域

计算机的应用可以概括为科学计算、数据处理和信息管理、过程控制、人工智能、计算机辅助、网络通信和多媒体技术 7 个领域。

2. 计算机的工作模式

计算机的工作模式也称为计算模式，指计算应用系统中数据和应用程序的分布方式。计算模式主要有单机模式和网络模式两种。

在计算机网络中，网络中的计算机被分为两大类：一是向其他计算机提供各种服务（主要有数据库服务、打印服务等）的计算机，称为服务器；二是享受服务器提供服务的计算机，称为客户机。

1.2.4 计算机的结构与原理

1. 计算机的结构

计算机的结构就是计算机各功能部件之间的相互连接关系。计算机的结构是不断发展与完善的，经历了 3 个发展阶段：以运算器为核心的结构、以存储器为核心的结构、以总线为核心的结构。

2. 计算机的工作原理

计算机的工作原理是“存储程序”原理，是冯·诺依曼在 EDVAC 方案中提出的。计算机的工作原理包括两方面：一是将编写好的程序和原始的数据存储在计算机的存储器中，即“存储程序”；二是计算机按照存储的程序逐条取出指令加以分析，并执行指令所规定的操作，即“程序控制”。指令是由 CPU 中的控制器执行的，控制器执行一条指令有取指令、分析指令、执行指令 3 个周期。

1.3 科学思维

科学思维也叫科学逻辑，就是在科学活动中，对感性认识材料进行加工、处理的方式与方法的理论体系，是对各种思维方法的有机整合，是人类实践活动的产物。

科学思维有逻辑性原则、方法论原则和历史性原则 3 个基本原则。

科学思维有 3 种思维方式：实证思维、逻辑思维和计算思维。

1.3.1 实证思维

实证思维就是运用观察、测量等一系列实验手段来揭示事物本质与规律的认识过程。实证思维起源于物理学研究，代表人物有开普勒、伽利略、牛顿。

实证思维有自洽性、合理性和检验性 3 个特征。

1.3.2 逻辑思维

逻辑思维就是运用概念、判断、推理等思维方式揭示事物本质与规律的认识过程。逻辑思维有同一律、矛盾律和排中律 3 个特征。

1.3.3　计算思维

计算思维是与人类思维活动同步发展的思维模式，但是计算思维的明确和建立，经历了较长的时期。计算思维是一直存在的科学思维方式，计算机的出现和应用促进了计算思维的发展和应用。计算思维具有抽象和自动化的特征。

实证思维、逻辑思维和计算思维之间具有目标一致、手段不同和互补结合的关系。

1.4 计算机中的信息表示

1.4.1　计算机中数的表示

在计算机中的信息都是用二进制进行表示的，在二进制中进行数的编码时，将数分为定点数和浮点数。在计算机过程中，小数点位置固定的数叫定点数，小数点位置浮动的数叫浮点数。

定点数常用的编码方案有原码、反码、补码、移码 4 种。

1.4.2　计算机中非数值数据的表示

信息一般表示为数据、图形、声音、文本和图像，在计算机中只能识别二进制，因此需要对其进行编码。如字母和常用符号的编码、汉字编码等。

1.4.3　进位计数制

数制是指用一组固定的符号和统一的规则来表示数值的方法。其中，按照进位方式计数的数制称为进位计数制。

进位计数制中每个数码的数值不仅取决于数码本身，其数值的大小还取决于该数码在数中的位置，如十进制数 828.41，整数部分的第 1 个数码“8”处在百位，表示 800；第 2 个数码“2”处在十位，表示 20；第 3 个数码“8”处在个位，表示 8；小数点后第 1 个数码“4”处在十分位，表示 0.4；小数点后第 2 个数码“1”处在百分位，表示 0.01。也就是说，处在不同位置的数码所代表的数值不相同，分别具有不同的位权值，数制中数码的个数称为数制的基数，十进制数有 0、1、2、3、4、5、6、7、8、9 共 10 个数码，其基数为 10。

设 R 表示基数，则称为 R 进制。使用 R 个基本的数码，R^i 就是位权，其加法运算规则是“逢 R 进一”，任意一个 R 进制数 D 均可以展开表示为：

$$(D)_R = \sum_{i=-m}^{n-1} K_i \times R^i$$

上式中的 K_i 为第 i 位的系数，可以为 0，1，2，…，$R-1$ 中的任何一个数，R^i 表示第 i 位的权。表 1-2 所示为计算机中常用的几种进位计数制的表示。

表 1-2　计算机中常用的几种进位数制的表示

进位制	基数	基本符号（采用的数码）	权	形式表示
二进制	2	0，1	21	B
八进制	8	0，1，2，3，4，5，6，7	81	O
十进制	10	0，1，2，3，4，5，6，7，8，9	101	D
十六进制	16	0，1，2，3，4，5，6，7，8，9，A，B，C，D，E，F	161	H

1.4.4 不同数制之间的相互转换

1. 非十进制数转换为十进制数

将二进制、八进制和十六进制数转换为十进制数时，只须用该数制的各位数乘以各自位权数，然后将乘积相加，用按权展开的方法即可得到对应的结果。

2. 十进制数转换成其他进制数

将十进制数转换成二进制数、八进制数和十六进制数时，可将数字分成整数和小数分别转换，然后再拼接起来。

例如，将十进制数转换成二进制数时，整数部分采用“除 2 取余倒读”法，即将该十进制数除以 2，得到一个商和余数（K_0），再将商数除以 2，又得到一个新的商和余数（K_1），如此反复，直到商是 0 时得到余数（K_{n-1}）；然后将得到的各次余数，以最后余数为最高位，最初余数为最低依次排列，即 $K_{n-1}\cdots K_1 K_0$，这就是该十进制数对应的二进制整数部分。

小数部分采用“乘 2 取整正读”法，即将十进制的小数乘 2，取乘积中的整数部分作为相应二进制小数点后最高位 K_{-1}，取乘积中的小数部分反复乘 2，逐次得到 $K_{-2} K_{-3}\cdots K_{-m}$，直到乘积的小数部分为 0 或位数达到所需的精确度要求为止；然后把每次乘积所得的整数部分由上而下（即从小数点自左往右）依次排列起来（$K_{-1} K_{-2}\cdots K_{-m}$），即为所求的二进制数的小数部分。

同理，将十进制数转换成八进制数时，整数部分除以 8 取余，小数部分乘 8 取整；将十进制数转换成十六进制数时，整数部分除以 16 取余，小数部分乘 16 取整。

3. 二进制数转换成八进制、十六进制数

二进制数转换成八进制数所采用的转换原则是“3 位分一组”，即以小数点为界，整数部分从右向左每 3 位为一组，若最后一组不足 3 位，则在最高位前面添 0 补足 3 位，然后将每组中的二进制数按权相加得到对应的八进制数；小数部分从左向右每 3 位分为一组，最后一组不足 3 位时，尾部用 0 补足 3 位，然后按照顺序写出每组二进制数对应的八进制数即可。

二进制数转换成十六进制数所采用的转换原则与上面的类似，为“4 位分一组”，即以小数点为界，整数部分从右向左、小数部分从左向右每 4 位一组，不足 4 位用 0 补齐即可。

4. 八进制、十六进制数转换成二进制数

八进制数转换成二进制数的转换原则是“一分为三”，即从八进制数的低位开始，将每一位上的八进制数写成对应的 3 位二进制数即可。如有小数部分，则从小数点开始，分别向左右两边按上述方法进行转换即可。

十六进制数转换成二进制数的转换原则是“一分为四”，即把每一位上的十六进制数写成对应的 4 位二进制数即可。

1.4.5 二进制数的算术运算

1. 二进制的算术运算

二进制的算术运算也就是通常所说的四则运算，包括加、减、乘、除，运算比较简单，其具体运算规则如下。

- **加法运算**：按“逢二进一”法，向高位进位，运算规则为：0+0=0、0+1=1、1+0=1、1+1=10。
- **减法运算**：减法实质上是加上一个负数，主要应用于补码运算，运算规则为：0-0=0、1-0=1、0-1=1（向高位借位，结果本位为 1）、1-1=0。

- **乘法运算**：乘法运算与我们常见的十进制数对应的运算规则类似，规则为：0×0=0、1×0=0、0×1=0、1×1=1。
- **除法运算**：除法运算也与十进制数对应的运算规则类似，规则为：0÷1=0、1÷1=1，而 0÷0 和 1÷0 是无意义的。

2. 二进制的逻辑运算

计算机所采用的二进制数 1 和 0 可以代表逻辑运算中的“真”与“假”、“是”与“否”和“有”与“无”。二进制的逻辑运算包括“与”“或”“非”“异或”4 种。

- **“与”运算**：“与”运算又称为逻辑乘，通常用符号“×”“∧”“·”来表示。其运算法则为：0∧0=0、0∧1=0、1∧0=0、1∧1=1。通过上述法则可以看出，当两个参与运算的数中有一个数为 0 时，其结果也为 0，此时另一个数是没有意义的。只有当数中的数值都为 1 时，结果为 1，即只有当所有的条件都符合时，逻辑结果才为肯定值。
- **“或”运算**：“或”运算又称为逻辑加，通常用符号“+”或“∨”来表示。其运算法则为：0∨0=0、0∨1=0、1∨0=1、1∨1=1。该法规表明只要有一个数为 1，则结果就是 1。
- **“非”运算**：“非”运算又称为逻辑否运算，通常是在逻辑变量上加上划线来表示，如变量为 A，则其非运算结果用 $\bar{A}$ 表示。其运算法则为：$\bar{0}$=1、$\bar{1}$=0。
- **“异或”运算**：“异或”运算通常用符号“⊕”表示，其运算法则为：0⊕0=0、0⊕1=1、1⊕0=1、1⊕1=0。该法规表明，当逻辑运算中变量的值不同时，结果为 1；而变量的值相同时，结果为 0。

Chapter

2

第2章 计算机系统的构成

2.1 微型计算机硬件系统

微型计算机硬件系统是指计算机中看得见、摸得着的一些实体设备，从微型计算机外观上看，主要由主机、显示器、鼠标和键盘等部分组成。

2.1.1 微处理器

微处理器是由一片或少数几片大规模集成电路组成的中央处理器，简称 CPU。CPU 既是计算机的指令中枢，也是系统的最高执行单位，主要负责指令的执行。

2.1.2 内存储器

内部存储器也叫主存储器，简称内存，是计算机中用来临时存放数据的地方，也是 CPU 处理数据的中转站。按工作原理可分为随机存储器、只读存储器和高速缓冲存储器；按工作性能可分为 DDR SDRAM、DDR2 和 DDR3 等几种。

2.1.3 主板

主板上布满了各种电子元器件、插座、插槽和各种外部接口，为计算机的所有部件提供插槽和接口，并通过其他的线路统一协调所有部件的工作。主板上主要的芯片包括 BIOS 芯片和南北桥芯片。

2.1.4 硬盘

硬盘是计算机中最大的存储设备，通常用于存放永久性的数据和程序。硬盘的分类是按照其接口的类型进行划分，主要有 ATA 和 SATA 两种。

2.1.5 光驱

光盘驱动器简称光驱，光驱用来存储数据的介质称为光盘。光盘可分为不可擦写光盘（如 CD-ROM、DVD-ROM 等）和可擦写光盘（如 CD-RW、DVD-RAM 等）。

2.1.6 键盘和鼠标

1. 鼠标

鼠标是计算机的主要输入设备之一，可分为三键鼠标和两键鼠标，也可分为无线鼠标和轨迹球鼠标。

2. 键盘

键盘是用户和计算机进行交流的工具，可直接输入各种字符和命令，简化计算机的操作。目前常用的键盘有 107 个键位。

2.1.7 显示卡与显示器

显示卡常称显卡，其功能是将计算机中的数字信号转换成显示器能够识别的信号，再将显示的数据进行处理和输出。

显示器是计算机的主要输出设备，作用是将显卡输出的信号以肉眼可见的形式表现出来。目前主要有液晶显示器（LCD）和使用阴极射线管（CRT）的显示器。

2.1.8 打印机

打印机的主要功能是将文字和图像进行打印输出。现在主要使用的打印机有激光打印机、单针式点阵击打式打印机、喷墨打印机。

2.2 计算机操作系统

2.2.1 操作系统的含义

操作系统是一种系统软件，是一个庞大的管理控制程序，它直接运行在计算机硬件上，是最基本的系统软件，也是计算机系统软件的核心。

2.2.2 操作系统的基本功能

操作系统有如下5种基本功能。

- **处理器管理**：又称进程管理，通过操作系统处理器管理模块来确定对处理器的分配策略，实施对进程或线程的调度和管理。
- **存储管理**：操作系统的存储管理负责将内存单元分配给需要内存的程序以便让它执行，在程序执行结束后再将程序占用的内存单元收回以便再使用。
- **设备管理**：是对硬件设备的管理，包括对各种输入输出设备的分配、启动、完成和回收。
- **文件管理**：又称信息管理，包括文件存储空间管理、文件操作、目录管理和读写管理及存取控制。
- **网络管理**：操作系统提供计算机与网络进行数据传输和网络安全防护的功能。

2.2.3 操作系统的分类

操作系统有如下5种分类方法。

- 根据使用界面分类，可将操作系统分为命令行界面操作系统和图形界面操作系统。
- 根据用户数目进行分类，可将操作系统分为单用户操作系统和多用户操作系统。
- 根据能否运行多个任务进行分类，可将操作系统分为单任务操作系统和多任务操作系统。
- 根据使用环境进行分类，可将操作系统分为批处理操作系统、分时操作系统、实时操作系统。
- 根据硬件结构进行分类，可将操作系统分为网络操作系统、分布式操作系统、多媒体操作系统。

所有的操作系统都具有并发性、共享性、虚拟性和不确定性4个基本特征。

2.2.4 微机操作系统的演化过程

1. DOS

DOS就是磁盘操作系统，是配置在PC上的单用户命令行界面操作系统，其主要作用是进行文件管理与设备管理。DOS系统采用树形结构的方式对所有文件进行组织与管理。

2. Windows 操作系统

Windows 操作系统最早的版本是运行在 DOS 下的 Windows 3.0，比较近的有 Windows XP、Windows 7、Windows 8，最近发布的是 Windows 10。

3. 网络操作系统

网络操作系统是实现网络通信的有关协议和为网络中各类用户提供网络服务的软件的合称。网络操作系统的主要目标是使用户能通过网络上的各个站点，高效地享用与管理网络上的数据与信息资源、软件与硬件资源。

Chapter

3

第3章 操作系统基础

3.1 Windows 7 入门

3.1.1 Windows 7 的启动

开启计算机主机和显示器的电源开关，系统将开始启动，完成后将进入 Windows 7 欢迎界面，若没有设置用户密码，则直接进入系统桌面。

3.1.2 Windows 7 的键盘使用

1. 认识键盘的结构

以常用的 107 键键盘为例，键盘按照各键功能的不同可以分成主键盘区、编辑键区、小键盘区、状态指示灯区和功能键区 5 个部分。

- **主键盘区**：主键盘区用于输入文字和符号，包括字母键、数字键、符号键、控制键和 Windows 功能键，共 5 排 61 个键。其中，字母键“A”~“Z”用于输入 26 个英文字母；数字键“0”~“9”用于输入相应的数字和符号。
- **编辑键区**：编辑键区主要用于编辑过程中的光标控制。
- **小键盘区**：小键盘区主要用于快速输入数字及进行光标移动控制。
- **状态指示灯区**：主要用来提示小键盘工作状态、大小写状态及滚屏锁定键的状态。
- **功能键区**：功能键区位于键盘的顶端，“Esc”键具有退出的作用；“F1”~“F12”键称为功能键；“Power”键、“Sleep”键和“Wake Up”键分别用来控制电源、转入睡眠状态和唤醒睡眠状态。

2. 键盘的操作

首先保证正确的打字坐姿，然后将左手的食指放在“F”键上，右手的食指放在“J”键上，其他的手指（除拇指外）按顺序分别放置在相邻的“A”“S”“D”“F”“J”“K”“L”“;”8 个键上，双手的大拇指放在空格键上。打字时除拇指外，其余 8 个手指各有一定的活动范围，把字符键位划分成 8 个区域，每个手指负责其区域字符的输入。

3. 指法练习

将手指轻放在键盘基准键位上，固定手指位置。为了提高录入速度，一般要求不看键盘，集中视线于文稿，养成科学合理的“盲打”习惯。在练习键位时可以一边打字一边默念，便于快速记忆各个键位。

3.1.3 Windows 7 的鼠标使用

1. 手握鼠标的方法

食指和中指自然放置在鼠标的左键和右键上，拇指横向放于鼠标左侧，无名指和小指放在鼠标的右侧，拇指与无名指及小指轻轻握住鼠标，手掌心轻轻贴住鼠标后部，手腕自然垂放在桌面上，其中食指控制鼠标左键，中指控制鼠标右键和滚轮。当需要使用鼠标滚动页面时，用中指滚动鼠标的滚轮即可。

2. 鼠标的 5 种基本操作

鼠标的基本操作包括移动定位、单击、拖动、右击和双击 5 种。

- **移动定位**：握住鼠标，在光滑的桌面或鼠标垫上随意移动，此时，在显示屏幕上的鼠标指针会同步移动。将鼠标指针移到桌面上的某一对象上停留片刻，这就是定位操作，被定位的对象通常会出现相应的提示信息。
- **单击**：先移动鼠标，让鼠标指针指向某个对象，然后用食指按下鼠标左键后快速松开按键，鼠标左键将自动弹起还原。
- **拖动**：指将鼠标指向某个对象后按住鼠标左键不放，然后移动鼠标把对象从屏幕的一个位置拖动到另一个位置，最后释放鼠标左键即可。
- **右击**：用中指按一下鼠标右键，松开按键后鼠标右键将自动弹起还原。
- **双击**：双击是指用食指快速、连续地按鼠标左键两次。

3.1.4 Windows 7 的桌面组成

启动 Windows 7 后，在屏幕上即可看到 Windows 7 桌面。在默认情况下，桌面由桌面图标、鼠标指针、任务栏和语言栏 4 个部分组成，如图 3-1 所示。

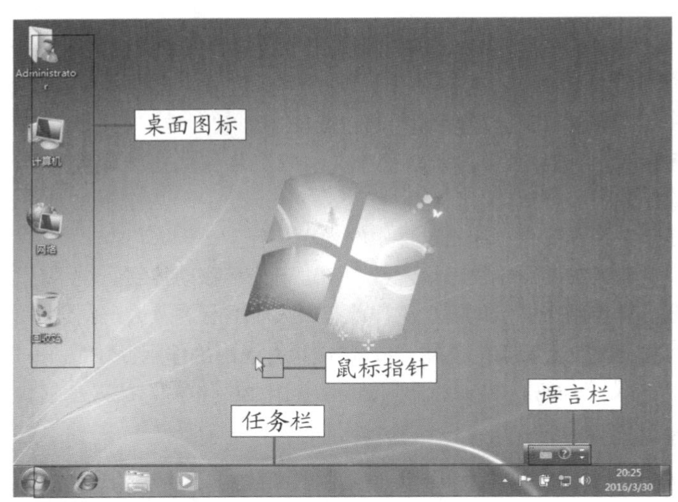

图 3-1 Windows 7 的桌面

- **桌面图标**：桌面图标一般是程序或文件的快捷方式，程序或文件的快捷图标左下角有一个小箭头。双击桌面上的某个图标可以打开该图标对应的窗口或程序。
- **鼠标指针**：在 Windows 7 操作系统中，鼠标指针在不同的状态下有不同的形状，这样可直观地告诉用户当前可进行的操作或系统状态。
- **任务栏**：任务栏默认情况下位于桌面的最下方，由“开始”按钮、任务区、通知区域和“显示桌面”按钮（单击可快速显示桌面）4 个部分组成。
- **语言栏**：语言栏一般浮动在桌面上，用于选择系统所用的语言和输入法。单击语言栏右上角的“最小化”按钮，可将语言栏最小化到任务栏上，且该按钮变为“还原”按钮。

3.1.5 Windows 7 的退出

Windows 7 的退出步骤如下。

STEP 1 保存文件或数据，然后关闭所有打开的应用程序。

STEP 2 单击“开始”按钮，在打开的“开始”菜单中单击按钮即可。

STEP 3 关闭显示器的电源。

3.2 Windows 7 程序的启动与窗口操作

3.2.1 Windows 7 的程序启动

常用的启动应用程序的方法是，在桌面上双击应用程序的快捷方式图标和在“开始”菜单中选择启动的程序。下面介绍启动应用程序的各种方法。

- 单击“开始”按钮，打开“开始”菜单，此时可以先在“开始”菜单左侧的高频使用区查看是否有需要打开的程序选项，如果有则选择该程序选项启动。如果高频使用区中没有要启动的程序，则选择“所有程序”选项，在显示的列表中依次单击展开程序所在的文件夹，选择需执行的程序选项启动程序。
- 在“计算机”中找到需要执行的应用程序文件，用鼠标双击，也可在其上单击鼠标右键，在弹出的快捷菜单中选择“打开”命令。
- 双击应用程序对应的快捷方式图标。
- 单击“开始”按钮，打开“开始”菜单，在“搜索程序和文件”文本框中输入程序的名称，选择后按键盘上的“Enter”键打开程序。

3.2.2 Windows 7 的窗口操作

1. Windows 7 的窗口组成

双击桌面上的“计算机”图标，将打开“计算机”窗口，如图 3-2 所示，其中包括标题栏、菜单栏、地址栏、搜索栏、工具栏、导航窗格、窗口工作区和状态栏。

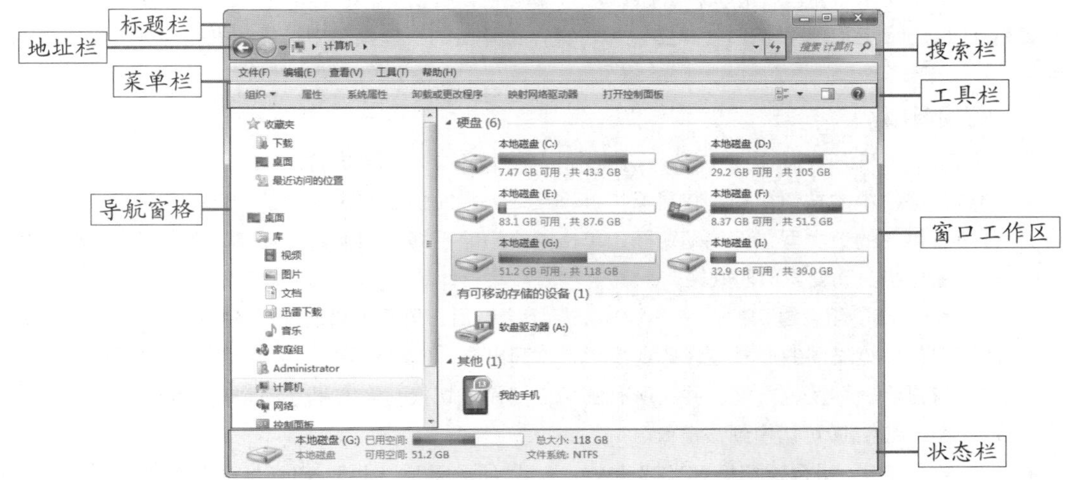

图 3-2 “计算机”窗口

2．打开窗口及窗口中的对象

STEP 1 双击桌面上的“计算机”图标，或在“计算机”图标上单击鼠标右键，在弹出的快捷菜单中选择“打开”命令，打开“计算机”窗口。

STEP 2 双击“计算机”窗口中的“本地磁盘 (C:)”图标，或选择“本地磁盘 (C:)”图标后按“Enter”键，打开“本地磁盘 (C:)”窗口。

STEP 3 双击“本地磁盘 (C:)”窗口中的“Windows 文件夹”图标，即可进入 Windows 目录查看。

STEP 4 单击地址栏左侧的“返回”按钮，将返回上一级“本地磁盘 (C:)”窗口。

3．最大化或最小化窗口

STEP 1 打开“计算机”窗口，再依次双击打开“本地磁盘 (C:)”下的 Windows 目录。

STEP 2 单击窗口标题栏右侧的“最大化”按钮，此时窗口将铺满整个显示屏幕，同时“最大化”按钮将变成“还原”按钮，单击“还原”即可将最大化窗口还原成原始大小。

STEP 3 单击窗口右上角的“最小化”按钮，此时该窗口将隐藏显示，并在任务栏的程序区域中显示一个图标，单击该图标，窗口将还原到屏幕显示状态。

4．移动和调整窗口大小

STEP 1 打开“计算机”窗口，再打开“本地磁盘 (C:)”下的“Windows 目录”窗口。

STEP 2 在窗口标题栏上按住鼠标左键不放，拖动窗口，当拖动到目标位置后释放鼠标即可移动窗口位置。如果将窗口向屏幕最上方拖动到顶部时，窗口会最大化显示；向屏幕最左侧拖动时，窗口会半屏状态显示在桌面左侧；向屏幕最右侧拖动时，窗口会半屏显示在桌面右侧。

STEP 3 将鼠标指针移至窗口的外边框上，当鼠标指针变为⟺或⇕形状时，按住鼠标左键不放拖动到所需大小时释放鼠标，即可调整窗口的大小。

STEP 4 将鼠标指针移至窗口的 4 个角上，当其变为⤢或⤡形状时，按住鼠标左键不放拖动到所需大小时释放鼠标，可使窗口的大小按比例缩放。

5．排列窗口

STEP 1 在任务栏空白处单击鼠标右键，在弹出的快捷菜单中选择“层叠窗口”命令，即可以层叠的方式排列窗口。

STEP 2 层叠窗口后拖动某一个窗口的标题栏可以将该窗口拖至其他位置，并切换为当前窗口。

STEP 3 在任务栏空白处单击鼠标右键，在弹出的快捷菜单中选择“撤销层叠”命令，可恢复至原来的显示状态。

6．切换窗口

切换窗口除了可以通过单击窗口进行切换外，还有以下 3 种切换方法。

- 通过任务栏中的按钮切换：将鼠标指针移至任务栏左侧按钮区中的某个任务图标上，此时将展开所有打开的该类型文件的缩略图，单击某个缩略图即可切换到该窗口，在切换时其他同时打开的窗口将自动变为透明效果。
- 按“Alt+Tab”组合键切换：按“Alt+Tab”组合键后，屏幕上将出现任务切换栏，系统当前打开的窗口都以缩略图的形式在任务切换栏中排列出来。此时按住“Alt”键不放，再反复按“Tab”键，将显示一个蓝色方框，并在所有图标之间轮流切换，当方框移动到需要的窗口图标上后释放“Alt”键，即可切换到该窗口。
- 按“Win+Tab”组合键切换：当按“Win+Tab”组合键后，此时按住“Win”键不放，再反复按“Tab”键可利用 Windows 7 特有的 3D 切换界面切换打开的窗口。

7. 关闭窗口

关闭窗口有如下5种方法。

- 单击窗口标题栏右上角的“关闭”按钮。
- 在窗口的标题栏上单击鼠标右键，在弹出的快捷菜单中选择“关闭”命令。
- 将鼠标指针指向某个任务缩略图后单击右上角的按钮。
- 将鼠标指针移动到任务栏中需要关闭窗口的任务图标上，单击鼠标右键，在弹出的快捷菜单中选择“关闭窗口”命令或“关闭所有窗口”命令。
- 按“Alt+F4”组合键。

3.3 Windows 7 的汉字输入

3.3.1 中文输入法的选择

中文输入法有如下两种选择方法。

- 按“Ctrl+Shift”组合键可在英文和各种中文输入法之间进行轮流切换，同时任务栏右侧的“语音栏”将跟随其变化，以显示当前所选择的输入法。按“Ctrl+Shift”组合键，能打开或关闭中文输入法。
- 单击语音栏中的“输入法”按钮，在打开的下拉列表中选择需要的输入法。

3.3.2 搜狗拼音输入法状态栏的操作

切换至某一种汉字输入法后，将打开其对应的汉字输入法状态栏，图3-3所示为搜狗拼音输入法的状态栏以及各图标的作用。

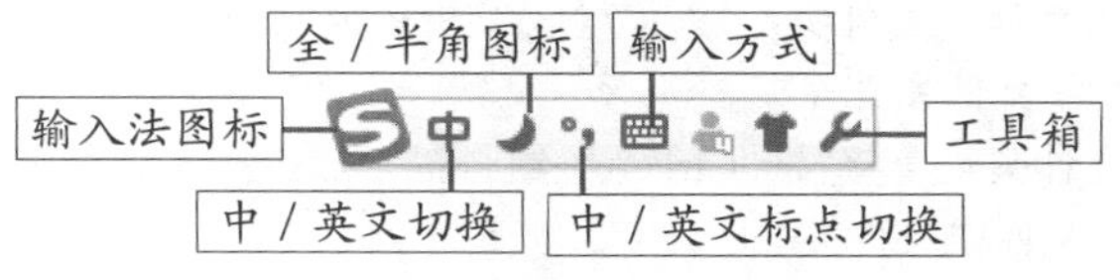

图3-3 输入法状态栏

3.3.3 搜狗拼音输入法输入汉字

使用搜狗拼音输入法输入汉字的步骤如下。

STEP 1 在桌面上的空白区域单击鼠标右键，在弹出的快捷菜单中选择【新建】/【文本文件】命令，在桌面上新建一个名为“新建文本文档.txt”的文件，且文件名呈可编辑状态。

STEP 2 单击语言栏中的“输入法”按钮，选择“中文（简体）- 搜狗拼音输入法”选项，然后输入拼音“beiwanglu”，此时在汉字状态条中将显示出所需的“备忘录”文本。

STEP 3 单击状态条中的“备忘录”或直接按“Space”键输入文本，按“Enter”键完成输入。

STEP 4 双击桌面上新建的“备忘录”记事本文件，启动记事本程序。在编辑区单击鼠标左键定位文本插入点，按数字键【3】输入数字“3”；按“Ctrl+Shift”组合键切换至“中文（简体）- 搜狗拼音输入法”，输入拼音“yue”，单击状态条中的“月”或按“Space”键输入文本“月”。

3.3.4 搜狗拼音输入法输入特殊字符

使用搜狗拼音输入法输入特殊字符的步骤如下。

STEP 1 单击搜狗拼音输入法状态条上的输入方式图标，在打开的列表中选择“特殊符号”选项，在打开的对话框中选择“三角形”选项。

STEP 2 单击软键盘右上角的 × 按钮关闭软键盘即可。

3.4 Windows 7 的文件管理

3.4.1 文件系统的概念

文件管理在"资源管理器"中进行操作。管理文件涉及的相关概念主要包括硬盘分区与盘符、文件、文件夹、文件路径等。

3.4.2 文件管理窗口

双击桌面上的"计算机"图标或单击任务栏上的"Windows 资源管理器"按钮。打开"资源管理器"对话框，单击导航窗格中各类别图标左侧的 ◢ 图标，可依次按层级展开文件夹，选择某个需要的文件夹后，其右侧将显示相应的文件内容。

3.4.3 文件 / 文件夹操作

1. 选择文件和文件夹

选择文件和文件夹的方法如下。

- **选择单个文件或文件夹：**使用鼠标直接单击文件或文件夹图标即可将其选择，被选择的文件或文件夹的周围将呈蓝色透明状显示。
- **选择多个相邻的文件或文件夹：**在窗口空白处按住鼠标左键不放，并拖动鼠标框选需要选择的多个对象，再释放鼠标即可；用鼠标选择第一个选择对象，按住"Shift"键不放，再单击最后一个选择对象，可选择两个对象中间的所有对象。
- **选择多个不连续的文件或文件夹：**按住"Ctrl"键不放，再依次单击所要选择的文件或文件夹，可选择多个不连续的文件和文件夹。
- **选择所有文件或文件夹：**直接按"Ctrl+A"组合键，或选择【编辑】/【全选】命令，可以选择当前窗口中的所有文件或文件夹。

2. 新建文件和文件夹

STEP 1 双击桌面上的"计算机"图标，打开"计算机"窗口，双击G磁盘图标，打开"G:\"目录窗口。

STEP 2 选择【文件】/【新建】/【文本文档】命令，或在窗口的空白处单击鼠标右键，在弹出的快捷菜单中选择【新建】/【文本文档】命令。

STEP 3 系统将在文件夹中默认新建一个名为"新建文本文档"的文件，且文件名呈可编辑状态，切换到汉字输入法输入"公司简介"，然后单击空白处或按"Enter"键。

STEP 4 选择【文件】/【新建】/【文件夹】命令，或在右侧文件显示区中的空白处单击鼠标右键。在弹出的快捷菜单中选择【新建】/【文件夹】命令，或直接单击工具栏中的 新建文件夹 按钮，双击文件夹名称使其呈可编辑状态，输入文件夹名称"办公"，然后按"Enter"键。

3. 移动、复制、重命名文件和文件夹

STEP 1 在需要移动的文件或文件夹上单击鼠标右键，在弹出的快捷菜单中选择"剪切"命令，或选择【编辑】/【剪切】命令（也可直接按"Ctrl+X"组合键），将选择的文件或文件夹剪切到剪贴板中。此时文件或文件夹呈灰色透明显示效果。

STEP 2 在目标位置处单击鼠标右键，在弹出的快捷菜单中选择"粘贴"命令，或选择【编辑】/【粘贴】命令（也可直接按"Ctrl+V"组合键），即可将剪切到剪贴板中的文件或文件夹粘贴到目

标位置，完成移动操作。

STEP 3 在需要复制的文件或文件夹上单击鼠标右键，在弹出的快捷菜单中选择“复制”命令，或选择【编辑】/【复制】命令（也可直接按“Ctrl+C”组合键），将选择的文件复制到剪贴板中。此时窗口中的文件不会发生任何变化。

STEP 4 在目标位置单击鼠标右键，在弹出的快捷菜单中选择“粘贴”命令，或选择【编辑】/【粘贴】命令（也可直接按“Ctrl+V”组合键），即可将所复制的文件或文件夹粘贴到该窗口中，完成文件夹的复制。

STEP 5 选择复制后的文件或文件夹，在其上单击鼠标右键，在弹出的快捷菜单中选择“重命名”命令。此时文件名称呈可编辑状态，在其中输入新的名称后按“Enter”键即可。

4. 删除和还原文件和文件夹

STEP 1 在需要删除的文件或文件夹图标上单击鼠标右键，在弹出的快捷菜单中选择“删除”命令，或按“Delete”键。此时系统会打开提示对话框，提示用户是否确定要把该文件放入回收站。

STEP 2 单击 是(Y) 按钮，即可删除选择的文件或文件夹。

STEP 3 双击桌面上的“回收站”图标，在打开的窗口中可查看到最近删除的文件和文件夹等对象。在需要还原的文件或文件夹上单击鼠标右键，在弹出的快捷菜单中选择“还原”命令，即可将其还原到被删除前的位置。

5. 搜索文件或文件夹

STEP 1 打开需要搜索的位置窗口，在搜索框中输入要搜索的文件信息，Windows 会自动在搜索范围内搜索所有符合文件信息的对象，并在文件显示区中显示搜索结果。

STEP 2 根据需要，可以在“添加搜索筛选器”中选择“修改日期”或“大小”选项来设置搜索条件，以缩小搜索范围。

3.4.4 库的使用

库的使用步骤如下。

STEP 1 打开“计算机”窗口，在导航窗格中单击“库”图标，打开库文件夹，此时在右侧窗口中将显示所有库，双击各个库文件夹便可打开进行查看。

STEP 2 单击工具栏中的 新建库 按钮或选择【文件】/【新建】/【库】命令，输入库的名称，然后按“Enter”键，即可新建一个库。

STEP 3 选择要添加到库中的文件夹，然后选择【文件】/【包含到库中】/【办公】命令，即可将选择的文件夹中的文件添加到“办公”库文件夹中。

3.4.5 创建快捷方式

在需要创建快捷方式的程序上单击鼠标右键，在弹出的快捷菜单中选择【发送到】/【桌面快捷方式】命令，即可创建快捷方式。

3.5 Windows 7 的系统管理

3.5.1 设置日期和时间

1. 设置时间

STEP 1 在“时钟、语言和区域”窗口中单击“日期和时间”或“设置时间和日期”超链接。

STEP 2 单击更改日期和时间(D)...按钮，打开“日期和时间设置”对话框，按需要进行日期和时间的设置后单击确定按钮即可。

2. 设置日期

打开“日期格式和时间设置”对话框，单击“更改日历设置”超链接，打开“自定义格式”对话框。单击“日期”选项卡，在“日期格式”栏中的“短日期”和“长日期”下拉列表中可选择日期格式，在“日历”栏中可设置日历格式。

3.5.2 安装和卸载应用程序

安装应用程序的操作步骤如下。

STEP 1 将安装光盘放入光驱中，当光盘成功被读取后打开光盘，找到并双击 setup.exe 文件。

STEP 2 打开“输入您的产品密匙”对话框，在光盘的包装盒中找到由 25 位字符组成的产品密匙（产品密匙也称安装序列号，免费或试用软件不需要输入），将密匙输入到文本框中，单击继续(C)按钮。

STEP 3 打开“许可条款”对话框，对其中的内容条款进行认真阅读，单击选中“我接受此协议的条款”复选框，单击继续(C)按钮。

STEP 4 打开“选择所需的安装”对话框，单击自定义(U)按钮。若单击立即安装(I)按钮，可以按默认设置快速安装软件。

STEP 5 在打开的“安装向导”对话框中单击“安装选项”选项卡，在其中也可以选择需要的安装组件。其方法是单击任意组件名称前的按钮，在打开的下拉列表中可以选择是否安装此组件。

STEP 6 单击“文件位置”选项卡，单击浏览(B)...按钮。在打开的“浏览文件夹”对话框中选择安装 Office 2010 的目标位置，选择完成后单击确定按钮。

STEP 7 返回对话框，单击“用户信息”选项卡，在文本框中输入用户名和公司名称等信息。最后单击立即安装(I)按钮进入到“安装进度”界面，等待数分钟后便会提示已安装完成。

卸载应用程序的操作步骤如下。

STEP 1 打开“控制面板”窗口，在分类视图下单击“程序”超链接。在打开的“程序”窗口中单击“程序和功能”超链接，在打开的窗口的“卸载或更改程序”列表框中即可查看当前计算机中已安装的所有程序。

STEP 2 在列表中选择要卸载的程序选项，然后单击工具栏中的卸载按钮，将打开确认是否卸载程序的提示对话框，单击是(Y)按钮确认并开始卸载程序。

3.5.3 分区管理

1. 创建简单卷

STEP 1 在桌面上的“计算机”图标上单击鼠标右键，或在“开始”菜单的“计算机”选项上单击鼠标右键。在弹出的快捷菜单中选择“管理”命令，打开“计算机管理”窗口，选择“磁盘管理”选项，打开“磁盘管理”窗口。

STEP 2 单击要创建简单卷的动态磁盘上的未分配空间，选择【操作】/【所有任务】/【新建简单卷】命令，或在要创建简单卷的动态磁盘的未分配空间上单击鼠标右键。在弹出的快捷菜单中选择“新建简单卷”命令，打开“新建简单卷向导”对话框。

STEP 3 在该对话框中指定卷的大小，单击下一步(N) >按钮，分配驱动器号和路径后，继续单击下一步(N) >按钮。

STEP 4 设置所需参数，格式化新建分区后，继续单击下一步(N) >按钮。

STEP 5 显示设定的参数，单击完成(F)按钮，完成“创建新建卷”的操作。

2. 删除简单卷

打开“磁盘管理”窗口，在需要删除的简单卷上单击鼠标右键。在弹出的快捷菜单中选择“删除卷”命令，或选择【操作】/【所有任务】/【删除卷】命令，系统将打开提示对话框。单击是(Y)按钮完成卷的删除，删除后原区域显示为可用空间。

3. 扩展磁盘分区

打开“磁盘管理”窗口，在要扩展的卷上单击鼠标右键。在弹出的快捷菜单中选择“扩展卷”命令，或选择【操作】/【所有任务】/【扩展卷】命令，打开“扩展卷向导”对话框，单击下一步(N) >按钮，指定选择磁盘的“空间量”参数。单击下一步(N) >按钮，单击完成(F)按钮，完成扩展磁盘文件。

4. 压缩磁盘分区

打开“磁盘管理”窗口，在要压缩的卷上单击鼠标右键。在弹出的快捷菜单中选择“压缩卷”命令，或选择【操作】/【所有任务】/【压缩卷】命令，打开“压缩”对话框。在压缩卷对话框中指定“输入压缩空间量”参数，依次单击压缩(S)按钮完成压缩。

5. 更改驱动器号和路径

STEP 1 选择【操作】/【所有任务】/【更改驱动器号和路径】命令，打开更改驱动器号和路径对话框，然后单击更改(C)...按钮。

STEP 2 打开“更改驱动器号和路径”对话框，从右侧的下拉列表中选择新分配的驱动器号。

STEP 3 单击确定按钮，打开“磁盘管理”提示对话框，单击是(Y)按钮即可。

3.5.4　格式化驱动器

格式化驱动器有如下两种方法。

- **利用“资源管理器”**：在“资源管理器”窗口中选择需要格式化的磁盘，单击鼠标右键，在弹出的快捷菜单中选择“格式化”命令。
- **利用“磁盘管理”工具**：打开“磁盘管理”窗口，选择【操作】/【所有任务】/【格式化】命令，打开“格式化”对话框，设置格式化限制和参数，单击确定按钮。

3.5.5　清理磁盘

清理磁盘有如下两种方法。

- 选择【开始】/【所有程序】/【附件】/【系统工具】/【磁盘管理】命令，打开“磁盘清理：驱动器选择”对话框。选择需要进行清理的磁盘。单击确定按钮，系统计算可以释放的空间后打开“磁盘清理”对话框，在对话框中选择要清理的内容，然后单击确定按钮。打开确认对话框，单击删除文件按钮即可。
- 在“计算机”窗口的某个磁盘上单击鼠标右键，在弹出的快捷菜单中选择“属性”命令，单击“常规”选项卡，然后单击磁盘清理(D)按钮，在打开的对话框中选择要清理的内容；最后单击确定按钮。

3.5.6　磁盘碎片整理

磁盘碎片整理的操作步骤如下。

STEP 1 选择【开始】/【所有程序】/【附件】/【系统工具】/【磁盘碎片整理程序】命令，或在磁盘属性对话框的“工具”选项卡下单击立即进行碎片整理(D)...按钮，打开“磁盘碎片整理程序”对话框。

STEP 2 选择要整理的磁盘，单击分析磁盘(A)按钮，开始对所选的磁盘进行分析，当分析结束后，打开已完成分析的对话框。

STEP 3 单击[磁盘碎片整理(D)]按钮，开始对所选的磁盘进行碎片整理。

STEP 4 单击[配置计划(S)...]按钮，打开“修改计划”对话框，在其中可设置和修改碎片整理计划。

3.6 Windows 7 的网络功能

3.6.1 网络软硬件的安装

1. 网卡的安装与配置

打开机箱，将网卡插入到计算机主板上相应的扩展槽，便可完成网卡的安装。

2. IP 地址的配置

STEP 1 打开“控制面板”窗口，单击“网络和 Internet”超链接。在打开的界面中单击“网络和共享中心”超链接，打开“网络和共享中心”窗口，单击窗口左侧的“更改适配器设置”超链接。在打开的窗口中双击“本地连接”选项，打开“本地连接 属性”对话框。

STEP 2 选择“Intern 协议版本 6（TCP/IPv6）”或“Intern 协议版本 4（TCP/IPv4）”选项，单击[属性(R)]按钮，将打开“Intern 协议版本 6（TCP/IPv6）属性”或“Intern 协议版本 4（TCP/IPv4）属性”对话框。

STEP 3 设置 IP 地址，同时配置 DNS 服务器，单击[确定]按钮完成属性设置。

3.6.2 选择网络位置

在打开的“网络和共享中心”窗口中单击“公用网络”超链接，打开“设置网络位置”对话框，可根据实际情况选择家庭网络、工作网络或公用网络。

3.6.3 资源共享

计算机中的资源共享包括存储资源共享、硬件资源共享和程序资源共享。

3.6.4 在网络中查找计算机

打开任意窗口，单击窗口左下方的“网络”选项，即可完成网络中计算机的搜索，在右侧双击所需访问的计算机即可。

3.7 Windows 10 简介

Windows 10 是由美国微软公司研发的新一代跨平台与设备应用的操作系统，具有全新的开始菜单、虚拟桌面功能、应用商店、分屏多窗口功能、方便的任务管理、能够直接粘贴命令提示符，以及全新的 Microsoft Edge 浏览器。

Chapter

4

第4章 计算机网络与因特网

4.1 计算机网络概述

4.1.1 计算机网络的定义

计算机网络是指以能够相互共享资源的方式连接起来的独立计算机系统的集合，即将相互独立的计算机系统以通信线路相连接，按照全网统一的网络协议进行数据通信，从而实现网络资源共享。

4.1.2 计算机网络的发展

1. 第一代计算机网络

第一代计算机网络是指人们将多台终端通过通信线路连接到一台中央计算机上构成“主机—终端”系统。第一代计算机网络又称为面向终端的计算机网络。这里的终端不具备自主处理数据的能力，仅仅能完成简单的输入输出功能，所有数据处理和通信处理任务均由主机完成。

2. 第二代计算机网络

第二代计算机网络中，通信在“计算机—计算机”之间进行，计算机各自具有独立处理数据的能力，并且不存在主从关系。计算机通信网络主要用于传输和交换信息，但资源共享程度不高。美国的ARPANET就是第二代计算机网络的典型代表。

3. 第三代计算机网络

1977年，国际标准化组织（International Standards Organization，ISO）提出了著名的开放系统互连参考模型（OSI/RM），形成了一个计算机网络体系结构的国际标准。第三代计算机的特征是全网中所有的计算机遵守同一种协议，强调以实现资源共享（硬件、软件和数据）为目的。

4. 第四代计算机网络

第四代计算机网络的特点是综合化和高速化。支持第四代计算机网络的技术有：异步传输模式（Asynchronous Transfer Mode，ATM）、光纤传输介质、分布式网络、智能网络、高速网络、互联网技术等。

未来的计算机网络应能提供目前电话网、电视网和计算机网络的综合服务；能支持多媒体信息通信，以提供多种形式的视频服务；具有高度安全的管理机制，以保证信息安全传输；具有开放统一的应用环境，智能的系统自适应性和高可靠性，网络的使用、管理和维护将更加方便。

4.1.3 计算机网络的功能

1. 数据通信

通信功能用来快速传送计算机与终端、计算机与计算机之间的各种信息，利用这一特点，可将分散在各个地区的单位或部门用计算机网络联系起来，进行统一的调配、控制和管理。

2. 资源共享

资源指的是网络中所有的软件、硬件和数据资源；共享则是网络中的用户都能够部分或全部地享用这些资源。如果不能实现资源共享，各地区都需要有一套完整的软件、硬件及数据资源，这将大大地增加全系统的投资费用。

3. 提高系统的可靠性

在计算机网络中，各台计算机可彼此互为后备机，每一种资源都可以在两台或多台计算机上进行备份。当某台计算机、某个部件或某个程序出现故障时，其任务就可以由其他计算机或其他备份的资源所代替，避免了系统瘫痪，提高了系统的可靠性。

4. 分布处理

网络分布式处理是指把同一任务分配到网络中地理上分布的节点机上协同完成。一方面，对于复杂的、综合性的大型任务，可以采用合适的算法，将任务分散到网络中不同的计算机上去执行。另一方面，当网络中某台计算机、某个部件或某个程序负担过重时，通过网络操作系统的合理调度，可将其一部分任务转交给其他较为空闲的计算机或资源完成。

5. 分散数据的综合处理

网络系统还可以有效地将分散在网络各计算机中的数据资料信息收集起来，从而达到对分散的数据资料进行综合分析处理，并把正确的分析结果反馈给各相关用户的目的。

4.1.4 计算机网络体系结构和 TCP/IP 参考模型

1. 网络体系结构

（1）网络体系结构的定义

网络体系结构是指计算机网络的所有功能层次、各层次的通信协议以及相邻层次间接口的集合。

（2）网络体系结构的分层原则

- **各层功能明确**：在网络体系结构中分层，需要各层既保持系统功能的完整，又能避免系统功能的重叠，让各层结构相对稳定。
- **接口清晰、简洁**：在网络体系结构中，下层通过接口对上层提供服务。对接口的要求有两点：一是接口需要定义向上层提供的操作和服务；二是通过接口的信息量最小。
- **层次数量适中**：为了让网络体系结构便于实现，要考虑层次的数量，既不能过多，也不能太少。如果层次过多，会引起系统繁冗和协议复杂化；如果层次过少，会导致一层中拥有多种功能。
- **协议标准化**：在网络体系结构中，各个层次的功能划分和设计应强调协议的标准化。

2. TCP/IP 参考模型

TCP/IP 参考模型分为网络接口层、网络互连层、传输层和应用层 4 个层次。下面分别介绍各层的主要特点和功能。

- **网络接口层**：网络接口层是 TCP/IP 参考模型中的最低层，负责网络层与硬件设备的联系，是数据包从一个设备的网络层传输到另外一个设备的网络层的方法。网络接口层与 OSI 参考模型中的物理层和数据链路层相对应。网络接口层是 TCP/IP 与各种 LAN 或 WAN 的接口。
- **网络互连层**：网络互连层是整个 TCP/IP 的核心，对应于 OSI 参考模型的网络层，负责对独立传送的数据分组进行路由选择，以保证可以发送到目的主机。由于该层中使用的是 IP，因此又称为 IP 层。网络互连层还拥有拥塞控制的功能。网络互连层的主要功能包括 3 点：处理互连的路径、流程与拥塞问题。处理来自传输层的分组发送请求，处理接收的数据报。

- **传输层**：使源端主机和目标端主机上的对等实体进行会话属于传输层的功能。在传输层定义了 TCP 和 UDP 两种服务质量不同的协议。TCP 是一个面向连接的、可靠的协议。TCP 还要处理端到端的流量控制。
- **应用层**：应用层实现了 OSI 参考模型中会话层和表示层的功能。在应用层中，能够对不同的网络应用引入不同的应用层协议。其中，有基于 TCP 的应用层协议，也有基于 UDP 的应用层协议。

4.2 计算机网络的组成和分类

4.2.1 计算机网络的组成

1. 计算机系统

计算机网络中的计算机系统有如下两种。

- **主机（Host）**：主机在很多时候被称为服务器（Server），它是一台高性能计算机，用于管理网络、运行应用程序和处理各网络工作站成员的信息请示等，并连接一些外部设备。根据其作用的不同分为文件服务器、应用程序服务器和数据库服务器等。
- **终端（Terminal）**：终端是网络中的用户进行网络操作、实现人机对话的重要工具，在局域网中通常被称为工作站（Workstation）或者客户机（Client）。个人计算机接入 Internet 后，在获取 Internet 服务的同时，其本身就成为一台 Internet 网上的工作站。网络工作站需要运行网络操作系统的客户端软件。

2. 数据通信系统

从计算机网络技术的组成部分来看，一个完整的数据通信系统，一般由数据终端设备、通信控制器、通信信道和信号变换器 4 个部分组成。

- **数据终端设备**：指数据的生成者和使用者，根据协议控制通信的功能。除了计算机外，数据终端设备还可以是网络中的专用数据输出设备，如打印机等。
- **通信控制器**：其功能除进行通信状态的连接、监控和拆除等操作外，还可接收来自多个数据终端设备的信息，并转换信息格式。
- **通信信道**：通信信道是信息在信号变换器之间传输的通道。
- **信号变换器**：其功能是把通信控制器提供的数据转换成适合通信信道要求的信号形式，或把信道中传来的信号转换成可供数据终端设备使用的数据，以最大限度地保证传输质量。

3. 网络软件

一方面，网络软件授权用户对网络资源访问，帮助用户方便、快速地访问网络；另一方面，网络软件也能够管理和调度网络资源，提供网络通信和用户所需要的各种网络服务。

通常情况下，网络软件分为通信软件、网络协议软件和网络操作系统 3 个部分。

- **通信软件**：用以监督和控制通信工作，除了作为计算机网络软件的基础组成部分外，还可用作计算机与自带终端或附属计算机之间实现通信的软件，通常由线路缓冲区管理程序、线路控制程序以及报文管理程序组成。报文管理程序由接收、发送、收发记录、差错控制、开始和终了 5 个部分组成。

- **网络协议软件**：网络软件的重要组成部分，按网络所采用的协议层次模型（如 ISO 建议的开放系统互连基本参考模型）组织而成。除物理层外，其余各层协议大都由软件实现，每层协议软件通常由一个或多个进程组成，其主要任务是完成相应层协议所规定的功能，以及与上、下层的接口功能。
- **网络操作系统**：网络操作系统指能够控制和管理网络资源的软件。网络服务器操作系统要完成目录管理、文件管理、安全性、网络打印、存储管理和通信管理等主要服务；工作站的操作系统软件主要完成工作站任务的识别和与网络的连接。常用的网络操作系统有 Net ware 系统、Windows NT 系统、UNIX 系统和 Linux 系统等。

4. 通信子网和资源子网

通信子网和资源子网的作用以及两者的关系如下。

- **通信子网**：通信子网主要负责网络的数据通信，为网络用户提供数据传输、转接、加工和变换等数据信息处理工作，由通信控制处理机（又称网络节点）、通信线路、网络通信协议以及通信控制软件组成。
- **资源子网**：资源子网用于网络的数据处理功能，向网络用户提供各种网络资源和网络服务。
- **两者的关系**：在局域网中，资源子网主要由网络的服务器、工作站、共享的打印机和其他设备及相关软件所组成。通信子网由网卡、线缆、集线器、中继器、网桥、路由器、交换机等设备和相关软件组成。

4.2.2 计算机网络的分类

1. 按网络覆盖的地理范围分类

按网络覆盖的地理范围分为如下 4 类。

- **局域网**：局域网是将较小地理区域内的计算机或数据终端设备连接在一起的通信网络。局域网覆盖的地理范围比较小，一般在几十米到几千米之间，主要用于实现短距离的资源共享。局域网可以由一个建筑物内或相邻建筑物的几百台至上千台计算机组成，也可以小到连接一个房间内的几台计算机、打印机和其他设备。局域网区别于其他网络的特点主要体现在网络所覆盖的物理范围、网络所使用的传输技术和网络的拓扑结构 3 个方面。从功能的角度来看，局域网的服务用户个数有限，但是局域网的配置容易实现，传输速率高，一般可达 4Mbit/s ~ 2Gbit/s，使用费用也较低。
- **城域网**：城域网是一种大型的通信网络，它的覆盖范围介于局域网和广域网之间，一般为几千米至几万米。城域网的覆盖范围在一个城市内，它将位于一个城市之内不同地点的多个计算机局域网连接起来实现资源共享。城域网所使用的通信设备和网络设备的功能要求比局域网高，以便有效地覆盖整个城市的地理范围。一般在一个大型城市中，城域网可以将多个学校、企事业单位、公司和医院的局域网连接起来共享资源。
- **广域网**：广域网在地域上可以覆盖跨越国界、洲界，甚至全球范围。目前，Internet 是世界上最大的广域计算机网络。除此之外，许多大型企业以及跨国公司和组织也建立了属于内部使用的广域网络。
- **国际互联网**：多个网络相互连接构成的集合称为互联网，其最常见形式是多个局域网通过广域网连接起来。

2. 按服务方式分类

按服务方式可分为如下两类。

- **对等网**：在对等网络中，计算机的数量通常不超过 20 台，所以对等网络相对比较简单。在对等网络中各台计算机有相同的功能，无主从之分，网上任意节点的计算机既可以作为网络服务器为其他计算机提供资源，也可以作为工作站分享其他服务器的资源；任意一台计算机均可同时兼作服务器和工作站，也可只作其中之一。同时，对等网除了共享文件之外，还可以共享打印机，对等网上的打印机可被网络上的任一节点使用。
- **客户机 / 服务器网络**：服务器指专门提供服务的高性能计算机或专用设备；客户机指用户计算机。客户机 / 服务器网络方式的特点是安全性较高，计算机的权限、优先级易于控制，监控容易实现，网络管理能够规范化。服务器的性能和客户机的数量决定了该网络的性能。

3. 按网络的拓扑结构分类

计算机网络的拓扑结构指网络中的计算机或设备与传输媒介形成的结点与线的物理构成模式。拓扑结构的选择与具体的网络要求相关，网络拓扑结构主要影响网络设备的类型、设备的能力、网络的扩张潜力、网络的管理模式等。

4. 按网络传输介质分类

按网络传输介质分为如下两类。

- **有线网**：有线传输介质指在两个通信设备之间实现的物理连接部分，能将信号从一方传输到另一方，主要有双绞线、同轴电缆和光纤。有线网则是使用这些有线传输介质连接的网络。
- **无线网**：无线传输介质指周围的自由空间，利用无线电波在自由空间的传播可以实现多种无线通信。无线网即指采用空气中的电磁波作为载体来传输数据的网络。无线网络的特点为连网费用较高、数据传输率高、安装方便、传输距离长、抗干扰性不强等。无线网包括无线电话网、无线电视网、微波通信网和卫星通信网等。

5. 按网络的使用性质分类

按网络的使用性质分为如下两类。

- **公用网**：公用网是指由电信部门或其他提供通信服务的经营部门组建、管理和控制，网络内的传输和转接装置可供任何部门和个人使用的网络。
- **专用网**：专用网是由用户部门独立组建经营的网络，不允许其他用户和部门使用；由于投资等因素，专用网常为局域网或者是通过租借电信部门的线路而组建的广域网。

直接租用电信部门的通信网络，并配置一台或者多台主机，向社会各界提供网络服务，这些部门构成的应用网络称为增值网络（或增值网），即在通信网络的基础上提供了增值的服务。这种类型的网络其实就是利用公用网组建的专用网。

4.3 网络传输介质和通信设备

4.3.1　网络传输介质

1. 同轴电缆

同轴电缆（Coaxial Cable）是计算机网络中常见的传输介质之一，由一组共轴心的电缆构成。应用于计算机网络的同轴电缆主要有两种，即“粗缆”和“细缆”。同轴电缆同样可以组成宽带系统，主要有双缆系统和单缆系统两种类型。

2. 双绞线

双绞线（Twisted Pair）是由两条相互绝缘的导线按照一定的规格互相缠绕（一般以顺时针缠绕）在

一起而制成的一种通用配线，属于信息通信网络传输介质。与其他传输介质相比，双绞线在传输距离、信道宽度和数据传输速度等方面均受到一定限制，但价格低廉。

3．光导纤维

光导纤维（Optical Fiber）简称光纤，是一种性能非常优秀的网络传输介质。光纤具有很多优点，如低损耗、高带宽和高抗干扰性等。目前，光纤是网络传输介质中发展最为迅速的一种，也是未来网络传输介质的发展方向。

4．无线传输介质

无线传输介质分为如下4类。

- **无线电波**：无线电波是指在自由空间（包括空气和真空）传播的射频频段的电磁波。
- **微波**：传统意义上的微波通信，可以分为地面微波通信与卫星通信两个方面。
- **蓝牙**：蓝牙是一种支持设备短距离通信（一般10m内）的无线电技术。
- **红外线**：红外线传输速率可达100Mbit/s，最大有效传输距离达到了1 000m。红外线具有较强的方向性，它采用低于可见光的部分频谱作为传输介质。红外线作为传输介质时，可以分为直接红外线传输和间接红外线传输两种。

5．网络传输介质的选择

选择网络传输介质时考虑的因素很多，包括：吞吐量和带宽、网络的成本、安装的灵活性和方便性、连接器的通用性、抗干扰性能、计算机系统的间距、地理位置、未来发展。

4.3.2　网络通信设备

1．网卡

网卡（Network Interface Card，NIC）又称网络适配器、网络卡或者网络接口卡，是以太网的必备设备。网卡通常工作在OSI模型的物理层和数据链路层，在功能上相当于广域网的通信控制处理机，通过它将工作站或服务器连接到网络，实现网络资源共享和相互通信。

常用的网卡分类方式是将网卡分为有线和无线两种。有线网卡是指必须将网络连接线连接到网卡中，才能访问网络的网卡。无线网卡是无线局域网的无线网络信号覆盖下通过无线连接网络进行上网使用的无线终端设备。

2．集线器

集线器又称集中器，简称为hub。集线器的主要功能是对接收到的信号进行再生整形放大，以扩大网络的传输距离，同时把所有站点集中在以它为中心的节点上。集线器属于网络底层设备，它向某节点发送数据时，是把数据包发送到与集线器相连的所有节点。

3．路由器

路由器（router）的主要工作就是为经过路由器的每个数据帧寻找一条最佳传输路径，并将该数据有效地传送到目的站点。路由器是网络与外界的通信出口，也是联系内部子网的桥梁。选择路由器时需要考虑的因素有：安全性能、处理器、控制软件、容量、网络扩展能力、支持的网络协议、带线拔插等。

4．交换机

交换机（switch）是一种用于电信号转发的网络设备。它可以为接入交换机的任意两个网络节点提供独享的电信号通路。最常见的交换机是以太网交换机。交换机的主要功能包括物理编址、网络拓扑结构、错误校验、帧序列及流量控制。

4.4 局域网

4.4.1　局域网概述

国际机构 IEEE 制定了一系列局域网技术规范，统称为 IEEE 802 标准：一是 IEEE 802.3 标准定义了以太网的技术规范；二是 IEEEE 802.5 标准定义了令牌环网的技术规范；三是 IEEE802.11 标准定义了无线局域网的技术规范。其主要特点如下。

- 局域网覆盖地理范围较小，例如一个教室、一栋办公楼等。
- 局域网属于数据通信网络中的一种，局域网只能够提供物理层、数据链路层和网络层的通信功能。
- 可以连入局域网中的数据通信设备非常多，如计算机、终端、电话机及传真机等。
- 局域网的数据传输速率高，能够达到 10Mbit/s ~ 10 000Mbit/s，而且其误码率较低。
- 局域网十分易于安装、维护以及管理，且可靠性高。

4.4.2　以太网

遵循 IEEE 802.3 技术规范建设的局域网就是以太网。以太网通常有两类：共享式以太网和交换式以太网。

- **共享式以太网**：是共享传输介质的以太网，通常有总线型结构和星型结构两种。这两种结构的以太网，由于共享传输介质，当网络中的两台计算机同时发送数据时，将会产生冲突。
- **交换式以太网**：用交换机取代集线器作为以太网的中心通信设备。交换机的任意两个端口都可以并发地传输数据，从而突破了集线器中只能有一对端口通信的限制。

4.4.3　令牌环网

遵循 IEEE 802.5 技术规范建设的局域网就是令牌环网。令牌环网的工作原理如下。

- 令牌环网中的数据沿一个方向传播，其中有一个被称为令牌的帧在环上不断传递。
- 网络中的任意一台计算机要发送信息时，必须等待令牌的到来。
- 当令牌经过时，发送方将抓取令牌，并修改令牌的标识位，然后将数据帧紧跟在令牌后，按顺序发送。
- 所发送的数据将依次通过网络中的各台计算机直至接收方，接收方收取数据。
- 数据接收完毕后，恢复令牌的标识位，并再次发出令牌，以供其他计算机抓取令牌发送数据。

4.4.4　无线局域网

无线局域网（Wireless Local Area Networks，WLAN）是利用射频技术，使用电磁波，取代双绞线所构成的局域网络。要实现无线局域网功能，目前一般需要一台无线路由器、多台有无线网卡的计算机器和手机等可以上网的智能移动设备。

无线路由器可以看作一个转发器，它将宽带网络信号通过天线转发给附近的无线网络设备，同时它还具有其他的网络管理功能。

4.5 因特网（Internet）

4.5.1　Internet 概述

Internet（因特网）俗称互联网，也称国际互联网，它是全球最大、连接能力最强、由遍布全世界的众多大大小小的网络相互连接而成的计算机网络。Internet 主要采用 TCP/IP，使网络上各个计算机可以相互交换各种信息。Internet 为全球范围内提供了极为丰富的信息资源。一旦连接到 Web 节点，就意味着你的计算机已经进入 Internet。

4.5.2 Internet 的基本概念

1. TCP/IP

TCP（传输控制协议）是传输层的传输协议，TCP 提供端到端的、可靠的、面向连接的服务。随着 TCP 在各个行业中的成功应用，它已成为事实上的网络标准，广泛应用于各种网络主机间的通信。TCP/IP 即传输控制协议 / 网间协议，是一个工业标准的协议集。

2. IP 地址

IP 地址即网络协议地址。连接在 Internet 上的每台主机都有一个在全世界范围内唯一的 IP 地址。IP 地址通常可分成两部分：第一部分是网络号，第二部分是主机号。

Internet 的 IP 地址可以分为 A、B、C、D、E 五类。其中，0~127 为 A 类；128~191 为 B 类；192~223 为 C 类；D 类地址作为多播地址使用；E 类地址保留。

3. 域名系统

域名系统由若干子域名构成，子域名之间用小数点的圆点来分隔。域名的层次结构是：…. 三级子域名 . 二级子域名 . 顶级子域名。

每一级的子域名都由英文字母和数字组成（不超过 63 个字符，并且不区分大小写字母），级别最低的子域名写在最左边，而级别最高的顶级域名则写在最右边。一个完整的域名不超过 255 个字符，其子域级数一般不予限制。

4. 统一资源定位符

在 Intemet 上，每一个信息资源都有唯一的地址，该地址叫统一资源定位符（URL）。URL 由资源类型、主机域名、资源文件路径、资源文件名 4 部分组成，其格式是“资源类型 :\\ 主机域名 \ 资源文件路径 \ 资源文件名”。

5. Web

网页也叫 Web 页，就是 Web 站点上的文档。网页是构成网站的基本元素，是承载各种网站应用的平台。每个网页都有唯一的一个 URL 地址，通过该地址可以找到相应的网页。网页是由一种叫 HTML 的语言书写的文件，HTML 的意思是超文本标记语言。

6. E-mail 地址

电子邮件存放在网络的某台计算机上，所以电子邮件的地址一般由用户名和主机域名组成，其格式为：用户名@主机域名（如 John@yah00.com）。

4.5.3 Internet 的接入

Internet 的接入方式有以下两种。

- ADSL：ADSL（非对称数字用户环路）可直接利用现有的电话线路，通过 ADSL Modem 进行数字信息传输，ADSL 连接理论速率可达到 1Mbit/s~8Mbit/s。它具有速率稳定、带宽独享、语音数据不干扰等优点，适用于家庭、个人等用户的大多数网络应用需求。它可以与普通电话线共存于一条电话线上，接听、拨打电话的同时能进行 ADSL 传输，而又互不影响。
- 光纤：光纤是目前宽带网络中多种传输媒介中最理想的一种，它具有传输容量大、传输质量好、损耗小、中继距离长等优点。现在光纤连入 Internet 一般有两种形式，一种是通过光纤接入到小区节点或楼道，再由网线连接到各个共享点上；另一种是光纤到户将光缆一直扩展到每一个计算机终端上。

4.5.4 万维网

万维网（World Wide Web，WWW），又称环球信息网、环球网、全球浏览系统等。WWW 起源于位于瑞士日内瓦的欧洲粒子物理实验室。用户可用 WWW 在 Internet 网上浏览、传递、编辑超文本格式的文件。WWW 是 Internet 上最受欢迎、最为流行的信息检索工具，它能把各种类型的信息（文本、图像、声音和影像等）集成起来供用户查询。WWW 为全世界的人们提供了查找和共享知识的手段。

4.6 Internet 的应用

4.6.1 电子邮件

最早也是最广泛的网络应用是收发电子邮件。通过电子邮件，用户可快速地与世界上任何一个网络用户进行联系。电子邮件可以是文字、图像或声音文件，因为其使用简单、价格低廉、保存容易等优点被广泛应用。

在输写电子邮件的过程中，经常会使用一些专用名词，如收件人、抄送、暗送、主题、附件和正文等。

4.6.2 文件传输

文件传输是指通过网络将文件从一个计算机系统复制到另一个计算机系统的过程。在 Internet 中是通过 FTP 程序实现文件传输的，FTP 是 File Transfer Protocol（文件传输协议）的缩写，通过 FTP 可将一个文件从一台计算机传送到另一台计算机中，而不管这两台计算机使用的操作系统是否相同，相隔的距离有多远。

在使用 FTP 的过程中，经常会遇到两个概念，即"下载"（Download）和"上传"（Upload）。"下载"就是将文件从远程计算机复制到本地计算机上；"上传"就是将文件从本地计算机复制到远程主机上。用 Internet 语言来说，用户可通过客户机程序向（从）远程主机上传（下载）文件。

4.6.3 搜索引擎

搜索引擎是专门用来查询信息的网站，这些网站可以提供全面的信息查询。搜索引擎主要包括信息搜集、信息处理和信息查询的功能。目前，常用的搜索引擎有百度、搜狗、Google、Yahoo、搜狐、Altavista、Excite、Lycos、360 搜索及搜搜等。

Chapter 5

第5章 文档编辑软件Word 2010

5.1 Word 2010 入门

5.1.1 Word 2010 简介

Microsoft Word 2010 简称 Word 2010，主要用于文本处理工作，可创建和制作具有专业水准的文档，更能轻松、高效地组织和编写文档，具有强大的文本输入与编辑功能、各种类型的图文混排功能、精确的文本校对审阅功能，以及文档打印功能等。

5.1.2 Word 2010 的启动

Word 2010 的启动方法有以下 3 种。

- **通过“开始”菜单启动**：单击桌面左下角的“开始”按钮，在打开的“开始”菜单中选择【所有程序】/【Microsoft Office】/【Microsoft Wrod 2010】命令。
- **通过桌面快捷启动图标启动**：双击桌面上组件的快捷方式图标可启动 Word 2010。
- **双击文档启动**：双击已有的文档即可启动相应的组件并打开该文档。

5.1.3 Word 2010 的窗口组成

启动 Word 2010 后将进入其工作界面，如图 5-1 所示，下面主要对 Word 2010 操作界面中的主要组成部分进行介绍。

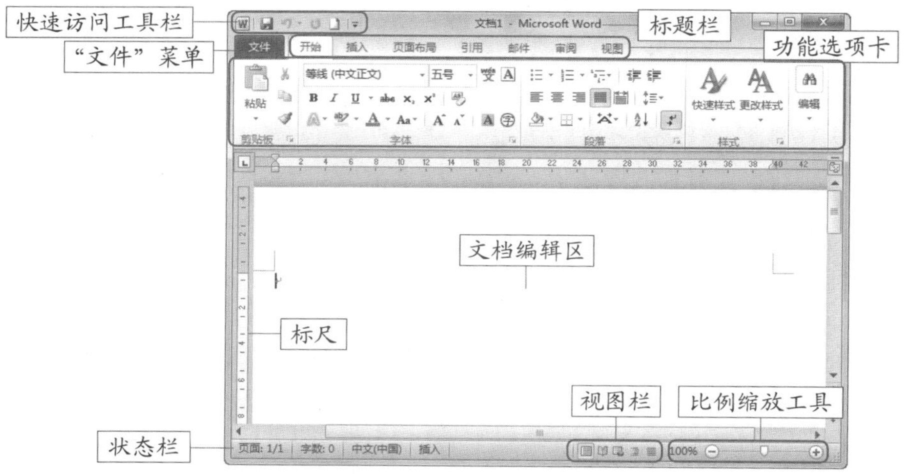

图 5-1　Word 2010 工作界面

5.1.4 Word 2010 的视图方式

Word 2010 的视图方式有如下 5 种。

- **页面视图**：页面视图是默认的视图模式，在该视图中，文档的显示与实际打印效果一致。
- **阅读版式视图**：单击“阅读版式视图”按钮可切换至阅读版式视图。在该视图中，文档的内容根据屏幕的大小，以适合阅读的方式进行显示，单击按钮，可返回页面视图。
- **Web 版式视图**：单击“Web 版式视图”按钮可切换至 Web 版式视图。在该视图中，文本与图形的显示与在 Web 浏览器中的显示一致。
- **大纲视图**：单击“大纲视图”按钮可切换至大纲视图。在该视图中，根据文档的标题级别显示文档的框架结构，单击“关闭大纲视图”按钮，可关闭大纲视图返回页面视图。
- **草稿视图**：单击“草稿”按钮可切换至草稿视图，该视图简化了页面的布局，主要显示文本及其格式，适合对文档进行输入和编辑。

5.1.5 Word 2010 的文档操作

1. 新建文档

（1）新建空白文档

新建空白文档有如下 3 种方法。

- **通过“新建”命令新建**：选择【文件】/【新建】命令，在界面右侧选择“空白文档”选项，然后单击“创建”按钮，或直接双击“空白文档”选项新建文档。
- **通过快速访问工具栏新建**：单击快速访问工具栏中的“新建”按钮。
- **通过快捷键新建**：直接按“Ctrl+N”组合键。

（2）根据模板新建文档

根据模板新建文档是指利用 Word 2010 提供的某种模板来创建具有一定内容和样式的文档。选择【文件】/【新建】命令，在界面右侧选择“样本模板”选项，在下方的列表框中选择“基本信函”选项，单击选中“文档”单选项，然后单击“创建”按钮即可。

2. 保存文档

（1）保存新建的文档

保存新建的文档有如下 3 种方法。

- **通过“保存”命令保存**：选择【文件】/【保存】命令。
- **通过快速访问工具栏保存**：单击快速访问工具栏中的“保存”按钮。
- **通过快捷键保存**：按“Ctrl+S”组合键。

执行以上任意操作后，都将打开“另存为”对话框。在对话框右侧的列表框中的地址栏中可选择和设置文档的保存位置，在“文件名”下拉列表框中可设置文档保存的名称，完成后单击保存(S)按钮。

（2）另存文档

如果需要对已保存的文档进行备份，则可以选择另存操作，其方法为：选择【文件】/【另存为】命令，在打开的“另存为”对话框中按保存文档的方法操作。

（3）自动保存文档

设置自动保存后，Word 将按设置的间隔时间自动保存文档，以避免当遇到死机或突然断电等意外情况时丢失文档数据。选择【文件】/【选项】命令，打开“Word 选项”对话框，选择左侧列表框中的“保存”选项，单击选中“保存自动恢复信息时间间隔”复选框，并在右侧的数值框中设置自动保存的时间间隔，完成后确认操作即可。

3. 打开文档

打开文档有如下 3 种方法。

- **通过“打开”命令打开**：选择【文件】/【打开】命令。
- **通过快速访问工具栏打开**：单击快速访问工具栏中的“打开”按钮。
- **通过快捷键打开**：按“Ctrl+O”组合键。

执行以上任意操作后，都将打开“打开”对话框，在列表框中找到需要打开的 Word 文档（也可利用上方的地址栏选择文档所在的位置），选择文档并单击打开(O)按钮。

4. 关闭文档

关闭文档是指在不退出 Word 2010 的前提下，关闭当前正在编辑的文档，其方法为：选择【文件】/【关闭】命令。

提示

当关闭未及时保存的文档时，Word 会自动打开提示对话框，询问关闭前是否保存文档。其中单击保存(S)按钮可保存后关闭文档；单击不保存(N)按钮可不保存直接关闭文档；单击取消按钮取消关闭操作。

5.1.6 Word 2010 的退出

Word 2010 的退出有如下 4 种方法。

- 在 Word 2010 操作界面中选择【文件】/【退出】命令。
- 单击标题栏右侧的“关闭”按钮。
- 确认 Word 2010 操作界面为当前活动窗口，然后按“Alt+F4”组合键。
- 单击标题栏左端的控制菜单图标，在打开的下拉列表中选择“关闭”选项，或直接双击该控制菜单图标。

5.2 Word 2010 的文本编辑

5.2.1 输入文本

将鼠标指针移至文档上方的中间位置，当鼠标指针变成I形状时双击鼠标，将插入点定位到此处。将输入法切换至中文输入法，输入文档标题文本，然后将鼠标指针移至文档标题下方左侧需要输入文本的位置处。此时鼠标指针变成I形状，双击鼠标将插入点定位到此处，再输入正文文本，按“Enter”键换行，使用相同的方法可输入其他的文本。

5.2.2 选择文本

选择文本有如下 4 种方法。

- **选择任意文本**：在需要选择文本的开始位置单击后按住鼠标左键不放，并拖动到文本结束处释放鼠标，选择后的文本呈蓝底黑字的形式。
- **选择一行文本**：将鼠标光标移动到该行左边的空白位置，当鼠标光标变成形状时单击鼠标左键，即可选择整行文本。
- **选择一段文本**：除了用选择任意文本的方法拖动选择一段文本外，还可将鼠标光标移动到段落左边的空白位置，当鼠标光标变为形状时双击鼠标左键；或在该段文本中任意一点连续单击鼠标 3 次，即可选择该段文本。

- **选择整篇文档**：将鼠标光标移动到文档左边的空白位置，当鼠标光标变成⬀形状时，连续单击鼠标 3 次；或将鼠标光标定位到文本的起始位置，按住“Shift”键不放，单击文本末尾位置；或直接按“Ctrl+A”组合键，可选择整篇文档。

注意

选择部分文本后，按住“Ctrl”键不放，可以继续选择不连续的文本区域。另外，若要取消选择操作，可用鼠标在选择对象以外的任意位置单击即可。

5.2.3 插入与删除文本

默认状态下，在状态栏中可看到 插入 按钮，表示当前文档处于插入状态。直接在插入点处输入文本，该处文本后面的内容将随鼠标光标自动向后移动。

删除文本主要有以下两种方法。

- 选择需要删除的文本，按“BackSpace”键可删除选择的文本。若定位在文本插入点后，按“BackSpace”键则可删除文本插入点前面的字符。
- 选择需要删除的文本，按“Delete”键也可删除选择的文本。若定位在文本插入点后，按“Delete”键则可删除文本插入点后面的字符。

5.2.4 更改文本

在状态栏中单击 插入 按钮切换至改写状态，将文本插入点定位到需要修改的文本前，输入修改后的文本，此时原来的文本自动被输入的新文本替换。

提示

当不需要改写文本时，应单击 改写 按钮或按“Insert”键切换至插入状态，避免在输入文本时自动改写文本。

5.2.5 复制与移动文本

1. 复制文本

复制文本主要有如下 4 种方法。

- 选择所需文本后，在【开始】/【剪贴板】组中单击“复制”按钮复制文本。定位到目标位置后在【开始】/【剪贴板】组中单击“粘贴”按钮粘贴文本。
- 选择所需文本后，在其上单击鼠标右键，在弹出的快捷菜单中选择“复制”命令。定位到目标位置后单击鼠标右键，在弹出的快捷菜单中选择“粘贴”命令粘贴文本。
- 选择所需文本后，按“Ctrl+C”组合键复制文本，定位到目标位置按“Ctrl+V”组合键粘贴文本。
- 选择所需文本后，按住“Ctrl”键不放，将其拖动到目标位置即可。

2. 移动文本

移动文本主要有如下 4 种方法。

- **通过右键快捷菜单**：选择文本后单击鼠标右键，在弹出的快捷菜单中选择“剪切”命令。
- **通过按钮**：在【开始】/【剪贴板】组中单击“剪切”按钮。定位光标插入点，在“开始”选项卡的“剪贴板”组中单击“粘贴”按钮，即可发现原位置的文本在粘贴处显示。

- **通过快捷键**：选择要移动的文本，按“Ctrl+X”组合键。将文本插入点定位到目标位置，按“Ctrl+V”组合键粘贴文本即可。
- **通过拖动**：选择文本后，将鼠标指针移动到选择的文本上，按住鼠标左键不放拖动到需要移动到的位置后释放鼠标即可。

5.2.6 查找与替换文本

查找与替换文本的操作步骤如下。

STEP 1 将插入点定位到文档开始处，在【开始】/【编辑】组中单击 替换 按钮，或按“Ctrl+H”组合键。

STEP 2 打开“查找和替换”对话框，分别在“查找内容”和“替换为”文本框中输入需要查找的内容和替换后的内容，单击 查找下一处(F) 按钮，即可将查找到的文本呈选中状态显示。

STEP 3 继续单击 查找下一处(F) 按钮，直至出现对话框提示已完成文档的搜索。单击 确定 按钮，返回“查找和替换”对话框，单击 全部替换(A) 按钮。

STEP 4 打开提示对话框，提示完成替换的次数，直接单击 确定 按钮即可完成替换。单击 关闭 按钮，关闭“查找与替换”对话框。

5.2.7 撤销与恢复操作

撤销与恢复操作有如下两种方法。

- 对文档进行操作后，单击“快速访问栏”工具栏中的“撤销”按钮，即可恢复到操作前的文档效果。
- 单击“恢复”按钮，或按“Ctrl+Y”组合键，可恢复到“撤销”操作前的效果。

5.3 Word 2010 的文档排版

5.3.1 设置字符格式

1. 通过浮动工具栏设置

选择一段文本后，将鼠标光标移到被选择文本的右上角，将会出现浮动工具栏。该浮动工具栏最初为半透明状态显示，将鼠标光标指向该工具栏时会清晰地完全显示。其中包含常用的设置选项，单击相应的按钮或进行相应选择即可对文本的字符格式进行设置。

2. 通过功能区设置

在 Word 2010 默认功能区的【开始】/【字体】组中可直接设置文本的字符格式，包括字体、字号、颜色、字形等。选择需要设置字符格式的文本后，在“字体”组中单击相应的按钮或选择相应的选项即可进行相应设置。

3. 利用“字体”对话框设置

在【开始】/【字体】组中单击“对话框启动器”按钮或按“Ctrl+D”组合键，打开“字体”对话框。在其中可设置字体格式，如字体、字形、字号、字体颜色、下划线等。

在 Word 中，浮动工具栏主要用于快捷设置所选文本的字符格式及段落格式，“字体”组主要用于对所选文本进行字体格式的设置，其选项要比浮动工具栏多，但不能对段落进行设置，而“字体”对话框则拥有较之前两种方法更多的设置功能。

5.3.2　设置段落格式

1. 设置段落对齐方式

设置段落对齐方式有如下 3 种方法。

- 选择要设置的段落，在【开始】/【段落】组中单击相应的对齐按钮，即可设置文档段落的对齐方式。
- 选择要设置的段落，在浮动工具栏中单击相应的对齐按钮，即可设置段落对齐方式。
- 选择要设置的段落，单击“段落”组右下方的“对话框启动器”按钮，打开“段落”对话框。在该对话框中的“对齐方式”下拉列表中设置段落对齐方式。

2. 设置段落缩进

设置段落缩进有如下两种方法。

- **利用标尺设置**：单击滚动条上方的“标尺”按钮。在窗口中显示标尺。然后拖动水平标尺中的各个缩进滑块，可以直观地调整段落缩进。其中表示首行缩进滑块，表示悬挂缩进，表示右缩进。
- **利用对话框设置**：选择要设置的段落，单击“段落”组右下方的“对话框启动器”按钮，打开“段落”对话框，在该对话框中的“缩进”栏中进行设置。

3. 设置行和段落间距

设置行和段落间距有如下两种方法。

- 选择段落，在【开始】/【段落】组中单击“行和段落间距”按钮，在打开的下拉列表中可选择“1.5”等行距倍数选项。
- 选择段落，打开“段落”对话框，在“间距”栏中的“段前”和“段后”数值框中输入值，在“行距”下拉列表框中选择相应的选项，即可设置行间距。

5.3.3　设置边框与底纹

1. 为字符设置边框与底纹

在“字体”组中单击“字符边框”按钮A，即可为选择的文本设置字符边框。在“字体”组中单击“字符底纹”按钮A即可为选择的文本设置字符底纹。

2. 为段落设置边框与底纹

STEP 1 选择文本行，在“段落”组中单击“底纹”按钮右侧的下拉按钮，在打开的下拉列表中选择底纹颜色选项。

STEP 2 选择一个段落文本，在“段落”组中单击“下框线”按钮右侧的下拉按钮，在打开的下拉列表中选择“边框与底纹”选项。

STEP 3 在打开的“边框和底纹”对话框中单击“边框”选项卡，在“设置”栏中选择“方框”选项，在“样式”列表框中选择样式选项。

STEP 4 单击“底纹”选项卡，在“填充”下拉列表框中选择颜色选项，单击 确定 按钮，在文档中设置边框与底纹后的效果。

5.3.4　项目符号和编号

1. 添加项目符号

选择需要添加项目符号的段落，在【开始】/【段落】组中单击“项目符号”按钮右侧的下拉按钮，在打开的下拉列表中选择一种项目符号样式即可。

2. 自定义项目符号

STEP 1 选择需要添加自定义项目符号的段落，在【开始】/【段落】组中单击“项目符号”按钮右侧的下拉按钮。在打开的下拉列表中选择“定义新项目符号”选项，打开“定义新项目符号”对话框。

STEP 2 在“项目符号字符”栏中单击图片(P)...按钮，打开“图片项目符号”对话框。在该对话框中的下拉列表中选择项目符号样式后，单击确定按钮，返回“定义新项目符号”对话框。

STEP 3 在“对齐方式”下拉列表框中选择项目符号的对齐方式，此时可以在下面的预览窗口中预览设置效果，最后单击确定按钮即可。

3. 添加编号

选择要添加编号的文本，在【开始】/【段落】组中单击“编号”按钮右侧的下拉按钮，即可在打开的“编号库”下拉列表中选择需要添加的编号。另外，在“编号库”下拉列表中还可选择“定义新编号格式”选项来自定义编号格式，其方法与自定义项目符号相似。

4. 设置多级列表

选择需要设置的段落，在【开始】/【段落】组中单击“多级列表”按钮，在打开的下拉列表中选择一种编号的样式即可。

5.3.5 格式刷

格式刷的操作步骤如下。

STEP 1 选择设置好样式的文本，在【开始】/【剪贴板】组中单击格式刷按钮。

STEP 2 将鼠标移动到文本编辑区，当鼠标呈形状时，按鼠标左键拖动便可对选择的文本应用样式；或单击格式刷按钮，将鼠标移动至某一行文本前，当鼠标呈形状时，便可为该行文本应用文本样式。

STEP 3 单击格式刷按钮，使用一次格式刷后将自动关闭。双击格式刷按钮，可多次重复进行格式复制操作。再次单击格式刷按钮或按【Esc】键可关闭格式刷功能。

5.3.6 样式与模板

1. 样式

样式有如下3种设置方法。

- **新建样式**：在文档中为文本或段落设置需要的格式。在【开始】/【样式】组中单击“样式”下拉列表框右侧的下拉按钮，在打开的下拉列表中选择“将所选内容保存为新快速样式”选项。打开“根据格式设置创建新样式”对话框，在“名称”文本框中输入样式的名称，单击确定按钮。
- **应用样式**：将文本插入点定位到要设置样式的段落中或选择要设置样式的字符或词组，在【开始】/【样式】组中单击“样式”下拉列表框右侧的下拉按钮，在打开的下拉列表中选择需要应用的样式对应的选项即可。
- **修改样式**：在【开始】/【样式】组中单击“样式”列表框右侧的下拉按钮，在打开的下拉列表中需进行修改的样式选项上单击鼠标右键，在弹出的快捷菜单中选择“修改”命令。此时将打开“修改样式”对话框，在其中可重新设置样式的名称和各种格式。

2. 模板

模板有如下两种设置方法。

- **新建模板**：选择【文件】/【新建】命令，在中间的“可用模板”栏中选择“我的模板”选项，打开“新建”对话框。在“新建”栏单击选中“模板”单选项。单击确定按钮即可新建一个名称为“模板1”的空白文档窗口，保存文档后其格式为“.docx”。

- **套用模板**：选择【文件】/【选项】命令，打开“Word 选项”对话框，选择左侧的“加载项”选项，在右侧的“管理”下拉列表中选择“模板”选项，单击 转到(G)... 按钮。打开“模板和加载项”对话框，在其中单击 选用(A)... 按钮，在打开的对话框中选择需要的模板。然后返回对话框，单击选中“自动更新文档样式”复选框，单击 确定 按钮即可在已存在的文档中套用模板。

5.3.7　创建目录

创建目录的操作步骤如下。

STEP 1 定位文本插入点后，在【引用】/【目录】组中单击“目录”按钮，在打开的下拉列表中选择“插入目录”选项。

STEP 2 打开“目录”对话框，单击“目录”选项卡，在“制表符前导符”下拉列表中选择前导符选项，在“格式”下拉列表框中选择格式选项，在“显示级别”数值框中输入级别，撤销选中“使用超链接而不使用页码”复选框，单击 确定 按钮。

STEP 3 返回文档编辑区即可查看插入的目录。

5.3.8　特殊格式设置

特殊格式有如下 4 种设置方法。

- **首字下沉**：选择要设置首字下沉的段落，在【插入】/【文本】组中单击“首字下沉”按钮，在打开的下拉列表中选择所需的样式即可。
- **带圈字符**：选择要设置带圈字符的单个文字，在“字体”组中单击按钮。在打开的“带圈字符”对话框中设置字符的样式、圈号等参数即可。
- **双行合一**：选择文本后，在【开始】/【段落】组中单击按钮，在打开的下拉列表中选择“双行合一”选项，在打开的“双行合一”对话框中进行相应设置，单击 确定 按钮即可。
- **给中文加拼音**：在【开始】/【字体】组中单击“拼音指南”按钮，打开“拼音指南”对话框。在“基准文字”下方的文本框中显示选择的要添加拼音的文字，在“拼音文字”下方的文本框中显示基准文字栏中对应的拼音，在“对齐方式”“偏移量”“字体”“字号”列表框中可调整拼音，在“预览”框中可显示设置后的效果。

5.4　Word 2010 的表格应用

5.4.1　创建表格

1. 插入表格

插入表格有如下两种方法。

- **快速插入表格**：在【插入】/【表格】中单击“表格”按钮，在打开的下拉列表中将光标移动到“插入表格”栏的某个单元格上。此时呈黄色边框显示的单元格为将要插入的单元格，单击鼠标即可完成插入操作。
- **通过对话框插入表格**：在【插入】/【表格】组中单击“表格”按钮下方的下拉按钮，在打开的下拉列表中选择“插入表格”选项。此时将打开“插入表格”对话框，在其中设置表格尺寸和单元格宽度后，单击 确定 按钮即可。

2. 绘制表格

STEP 1 在【插入】/【表格】组中单击“表格”按钮，在打开的下拉列表中选择“绘制表格”选项。

STEP 2 此时鼠标光标将变为✎形状，在文档编辑区拖动鼠标即可绘制表格外边框。

STEP 3 在外边框内拖动鼠标即可绘制行线和列线。

STEP 4 表格绘制完成后，按“Esc”键退出绘制状态即可。

5.4.2 编辑表格

1. 选择表格

选择表格有如下 6 种方法。

- **选择单个单元格：**将鼠标光标移动到所选单元格的左边框偏右位置，当其变为⬈形状时，单击鼠标即可选择该单元格。
- **选择连续的多个单元格：**在表格中拖动鼠标即可选择拖动起始位置处和释放鼠标位置处的所有连续单元格。另外，选择起始单元格，然后将鼠标移动到目标单元格左边框位置，当其变为⬈形状时，按住“Shift”键的同时单击鼠标，也可选择这两个单元格及其之间的所有连续单元格。
- **选择不连续的多个单元格：**首先选择起始单元格，然后按住“Ctrl”键不放，依次选择其他单元格即可。
- **选择行：**按拖动鼠标的的方法可选择一行或连续的多行单元格。另外，将鼠标光标移至所选行左侧，当其变为↗形状时，单击鼠标可选择该行。利用“Shift”键和“Ctrl”键可实现连续多行和不连续多行的选择操作，方法与单元格的操作类似。
- **选择列：**按拖动鼠标的方法可选择一列或连续多列的单元格。另外，将鼠标光标移至所选列上方，当其变为⬇形状时，单击鼠标可选择该列。利用“Shift”键和“Ctrl”键可实现连续多列和不连续多列的选择操作，方法也与单元格操作类似。
- **选择整个表格：**按住“Ctrl”键不放，利用选择单个单元格、单行或单列的方法即可选择整个表格。另外，将鼠标光标移至表格区域，此时表格左上角将出现⊞图标，单击该图标也可选择整个表格。

2. 布局表格

布局表格主要包括插入、删除、合并、拆分等内容，其布局方法为：选择表格中的单元格、行或列，在“表格工具 布局”选项卡中利用“行和列”组与“合并”组中的相关参数进行设置即可。

5.4.3 设置表格

1. 设置数据对齐方式

选择需设置对齐方式的单元格，在【表格工具 布局】/【对齐方式】组中单击相应的按钮。或选择单元格后，在其上单击鼠标右键，在弹出的快捷菜单中选择“单元格对齐方式”命令，在弹出的子菜单中单击相应的按钮也可设置单元格的对齐方式。

2. 设置行高和列宽

设置行高和列宽有如下两种方法。

- **拖动鼠标设置：**将鼠标光标移至行线或列线上，当其变为÷形状或⇹形状时，拖动鼠标即可调整行高或列宽。
- **精确设置：**选择需调整行高或列宽的行或列，在【表格工具 布局】/【单元格大小】组的“高度”数值框或“宽度”数值框中可设置精确的行高值或列宽值。

3. 设置边框和底纹

设置单元格边框和底纹的方法分别如下。

- **设置单元格边框**：选择需设置边框的单元格，在【表格工具 设计】/【表格样式】组中单击 边框 按钮右侧的下拉按钮，在打开的下拉列表中选择相应的边框样式。
- **设置单元格底纹**：选择需设置底纹的单元格，在【表格工具 设计】/【表格样式】组中单击 底纹 按钮右侧的下拉按钮，在打开的下拉列表中选择所需的底纹颜色。

4. 设置对齐和环绕

设置对齐和环绕的方法分别如下。

- **设置对齐**：选择表格，在【表格工具 布局】/【表】组中单击“属性”按钮，打开“表格属性”对话框，在“对齐方式”栏中可选择对齐的方式。
- **设置环绕**：打开“表格属性”对话框，在“文字环绕”栏中选择“环绕”选项，然后在“对齐方式”栏中选择环绕的对齐方式。

5.4.4　将表格转换为文本

将表格转换为文本的操作步骤如下。

STEP 1　单击表格左上角的“全部选中”按钮选择整个表格，然后在【表格工具 - 布局】/【数据】组中单击“转换为文本”按钮。

STEP 2　打开“表格转换成文本”对话框，在其中选择合适的文字分隔符，单击 确定 按钮，即可将表格转换为文本。

选择需要转换为表格的文本，在【插入】/【表格】组中单击“表格”按钮。在打开的下拉列表中选择“将文本转换成表格”选项，打开“将文本转换成表格”对话框。根据需要设置表格尺寸和文本分隔符，完成后单击 确定 按钮，即可将文本转换为表格。

5.4.5　表格排序与数字计算

1. 表格中数据的排序

选择要进行排序的行，在【布局】/【数据】组中单击“排序”按钮。打开“排序”对话框，在“主要关键字”下拉列表框中选择进行排序的选项，在“类型”栏中选择排序的类型，单击选中“升序”或“降序”单选项可升序或降序排列。若有标题行，单击选中“有标题行”单选项，单击 选项(O)... 按钮，可设置排序时是否区分大小写等。

2. 表格中数据的计算

STEP 1　将文本插入点定位到单元格中，在【布局】/【数据】组中单击“公式”按钮 fx。

STEP 2　打开“公式”对话框，在“公式”文本框中输入公式，在“编号格式”下拉列表中选择一种格式选项，单击 确定 按钮即可。

5.5　Word 2010 的图文混排

5.5.1　文本框操作

文本框操作步骤如下。

STEP 1 在【插入】/【文本】组中单击“文本框”按钮，在打开的下拉列表中选择文本框类型。

STEP 2 在文本框中直接输入需要的文本内容即可。

5.5.2 形状操作

1. 插入形状

在【插入】/【插图】组中单击“形状”按钮，在打开的下拉列表中选择某种形状对应的选项。此时单击鼠标将插入默认尺寸的形状，在文档编辑区中拖动鼠标，至适当大小释放鼠标可插入任意大小的形状。

2. 调整形状

调整形状有如下两种方法。

- **更改形状**：选择形状后，在【绘图工具 格式】/【插入形状】组中单击“编辑形状”按钮。在打开的下拉列表中选择“更改形状”选项，在打开的列表框中选择需更改形状对应的选项即可。
- **编辑形状顶点**：选择形状后，在【绘图工具 格式】/【插入形状】组中单击“编辑形状”按钮。在打开的下拉列表中选择“编辑顶点”选项，此时形状边框上将显示多个黑色顶点，选择某个顶点后，拖动顶点本身可调整顶点位置；拖动顶点两侧的白色控制点可调整顶点所连接线段的形状，按“Esc”键可退出编辑。

3. 美化形状

选择形状后，在【绘图工具 格式】/【形状样式】组中可进行各种美化操作。

4. 为形状添加文本

除线条和公式类型的形状外，其他形状中都可添加文本。选择形状，在其上单击鼠标右键，在弹出的快捷菜单中选择“添加文字”命令。此时形状中将出现文本插入点，输入需要的内容即可。

5. 插入 SmartArt 图形

STEP 1 在【插入】【插图】组中单击“SmartArt”按钮，打开“选择 SmartArt 图形”对话框，在左侧的列表框中选择一种类型，在右侧的列表框中选择一种 SmartArt 图形。

STEP 2 单击“确定”按钮，即可在当前文本插入点的位置插入选择的 SmartArt 图形。

6. 输入 SmartArt 内容

选择 SmartArt 图形，在【SmartArt 工具 设计】/【创建图形】组中单击“文本窗格”按钮，在打开的文本窗格中进行输入。

- **输入文本**：单击形状对应的文本位置，定位文本插入点后即可输入内容。
- **增加同级形状**：在当前插入点位置按“Enter”键可增加同级形状并输入文本。
- **增加下级形状**：在当前文本插入点位置按“Tab”键可将当前形状更改为下级形状，并输入文本。
- **增加上级形状**：在当前文本插入点位置按“Shift+Tab”组合键可将当前形状更改为上级形状，并输入文本。
- **删除形状**：利用“Delete”键或“BackSpace”组合键可删除当前插入点所在项目中的文本，同时删除对应的形状。

提示

对于新添加的形状而言，需要在其上单击鼠标右键，在弹出的快捷菜单中选择“编辑文字”命令，才能定位文本插入点。

7. 调整 SmartArt 结构

STEP 1 插入 SmartArt 图形后，单击 SmartArt 图形外框左侧的按钮。打开“在此处键入文字”窗格，在项目符号后输入文本，将插入点定位到需要降级的项目符号中，在【SmartArt 工具 设计】/【创建图形】组中单击“降级”按钮。

STEP 2 在降级后的项目符号后输入文本，然后按“Enter”键添加子项目。

STEP 3 在【SmartArt 工具 设计】/【创建图形】组中单击“布局”按钮，在打开的列表中选择布局选项。

STEP 4 单击“在此处键入文字”窗格右上角的按钮，关闭该窗格。

STEP 5 选择需要更改大小的项目，在【SmartArt 工具 格式】/【大小】组的“宽度”数值框中输入“数值，按“Enter”键。

STEP 6 将鼠标指针移动到 SmartArt 图形的右下角，当鼠标指针变成形状时，按住鼠标左键向左上角拖动到合适的位置释放鼠标左键，缩小 SmartArt 图形。

8. 美化 SmartArt 图形

（1）美化 SmartArt 图形布局

选择 SmartArt 图形，在【SmartArt 工具 设计】/【布局】组的“类型”下拉列表框中可选择所需的其他 SmartArt 类型。若在其中选择“其他布局”选项，则可在打开的对话框中选择更多的 SmartArt 图形类型。

（2）美化 SmartArt 样式

SmartArt 图形样式主要包括主题颜色和主题形状样式两种，设置方法为：选择 SmartArt 图形，在【SmartArt 工具 设计】/【SmartArt 样式】组中进行设置即可。

- **“更改颜色”按钮**：单击该按钮后，可在打开的下拉列表中选择 Word 预设的某种主题颜色以应用到 SmartArt 图形。
- **“样式”下拉列表框**：在该下拉列表框中可选择 Word 预设的某种主题形状样式以应用到 SmartArt 图形，包括建议的匹配样式和三维样式等可供选择。

（3）美化单个形状

SmartArt 图形中的单个形状相当于前面讲解的形状对象，因此其设置方法也与其相同。选择某个形状后，在【SmartArt 工具 格式】/【形状】组和【SmartArt 工具 格式】/【形状样式】组中即可进行设置。

5.5.3 图片和剪贴画操作

1. 插入图片和剪贴画

插入图片和剪贴画的方法分别如下。

- **插入图片**：将文本插入点定位到需插入图片的位置，在【插入】/【插图】组中单击“图片”按钮。打开“插入图片”对话框，在其中选择需插入的图片后，单击按钮即可。
- **插入剪贴画**：将文本插入点定位到需插入剪贴画的位置，在【插入】/【插图】组中单击“剪贴画”按钮。打开“剪贴画”任务窗格，在“结果类型”下拉列表框中单击选中剪贴画类型前的复选框，在“搜索文字”文本框中输入描述剪贴画的关键字和词组，单击按钮。稍后所有符合条件的剪贴画都将显示在下方的列表框中，选择所需的剪贴画即可插入到文档中。

2. 调整图片大小、位置和角度

调整图片大小、位置和角度的方法分别如下。

- **调整大小**：单击选择图片，图片边框上将出现 8 个控制点。将鼠标指针定位到任意一个控制点上，当其变为双向箭头形状时，按住鼠标左键不放并拖动可调整图片大小。
- **调整位置**：选择图片后，将鼠标指针定位到图片上，按住鼠标左键不放并拖动到文档中的其他位置，释放鼠标即可调整图片位置。
- 调整角度：选择图片后将鼠标指针定位到图片上方出现的绿色控制点上，当其变为形状时，按住鼠标左键不放并拖动鼠标即可。

3. 裁剪与排列图片

裁剪与排列图片的方法分别如下。

- **裁剪图片**：选择图片，在【图片工具 格式】/【大小】组中单击“裁剪”按钮。将鼠标指针定位到图片上出现的裁剪边框线上，按住鼠标左键不放并拖动鼠标，释放鼠标后按“Enter”键或单击文档其他位置即可完成裁剪。
- **排列图片**：选择图片，在【图片工具 格式】/【排列】组中单击“自动换行”按钮，在打开的下拉列表中选择所需环绕方式对应的选项即可。

4. 美化图片和剪贴画

Word 2010 提供了强大的美化图片和剪贴画的功能，选择图片和剪贴画后，在【图片工具 格式】/【调整】组和【图片工具 格式】/【图片样式】组中即可进行各种美化操作。

5.5.4 艺术字操作

1. 插入艺术字

STEP 1 在【插入】/【文本】组中单击 艺术字 按钮，在打开的下拉列表框中选择一种样式。

STEP 2 此时将在插入点处自动添加一个带有默认文本样式的艺术字文本框，在其中输入文本。选择艺术字文本框，当鼠标指针变为形状时，按住鼠标左键不放向左上方拖动改变艺术字位置。

STEP 3 在【绘制工具 格式】/【形状样式】组中单击 形状效果 按钮，在打开的下拉列表中选择一种样式选项。

STEP 4 在【绘制工具 格式】/【艺术字样式】组中单击 文本效果 按钮，在打开的下拉列表中选择文本效果选项。返回文档查看设置后效果。

2. 编辑与美化艺术字

选择艺术字，在【绘图工具 格式】/【艺术字样式】组中单击 文本效果 按钮。在打开的下拉列表中选择“转换”选项，再在打开的子列表中选择某种形状对应的选项即可。

5.6 Word 2010 的页面格式设置

5.6.1 设置纸张大小、方向与页边距

在【页面布局】/【页面设置】组中单击相应的按钮便可对纸张大小、方向与页边距进行修改，方法分别如下。

- 单击“纸张大小”按钮右侧的下拉按钮，在打开的下拉列表框中选择一种页面选项。或选择“其他页面大小”选项，在打开的“页面设置”对话框中输入文档宽度和高度大小值。
- 单击“页面方向”按钮右侧的下拉按钮，在打开的下拉列表中选择“横向”选项可以将页面设置为横向。

- 单击“页边距”按钮下方的下拉按钮，在打开的下拉列表框中选择一种页边距选项。或选择“自定义页边距”选项，在打开的“页面设置”对话框中设置上、下、左、右页边距的值。

5.6.2　设置页眉、页脚和页码

1. 创建页眉

在【插入】/【页眉和页脚】组中单击“页眉”按钮，在打开的下拉列表中选择某种预设的页眉样式选项，然后在文档中按所选的页眉样式输入所需的内容即可。

2. 编辑页眉

在【插入】/【页眉和页脚】组中单击“页眉”按钮，在打开的下拉列表中选择“编辑页眉”选项。此时将进入页眉编辑状态，利用功能区的“页眉和页脚工具 设计”选项卡便可对页眉内容进行编辑。

3. 创建与编辑页脚

在【插入】/【页眉和页脚】组中单击“页脚”按钮，在打开的下拉列表中选择某种预设的页脚样式选项，然后在文档中按所选的页脚样式输入所需的内容即可。

4. 插入页码

STEP 1　在【插入】/【页眉和页脚】组中单击页码按钮，在打开的下拉列表中选择“设置页码格式”选项。打开“页码格式”对话框，在其中设置页码格式，完成后单击确定按钮。

STEP 2　在页脚编辑区双击鼠标左键，激活“设计”选项卡，在【设计】/【选项】组中单击选中“首页不同”复选框。

STEP 3　在【设计】/【页眉和页脚】组中单击页码按钮，在打开的下拉列表选择页码样式。

5.6.3　设置页面水印、颜色与边框

1. 设置页面水印

在【页面布局】/【页面背景】组中单击水印按钮，在打开的下拉列表中选择一种水印效果即可。

2. 设置页面颜色

在【页面布局】/【页面背景】组中单击“页面颜色”按钮，在打开的下拉列表中选择一种页面背景颜色即可。

3. 设置页面边框

在【页面布局】/【页面背景】组中单击“页面边框”按钮，打开“边框和底纹”对话框。在“设置”栏中选择边框的类型，在“样式”下拉列表框中可选择边框的样式，在“颜色”下拉列表中可设置边框的颜色。

5.6.4　设置分栏与分页

1. 设置分栏

在【页面布局】/【页面设置】组中单击“分栏”按钮，在打开的下拉列表中选择分栏的数目。或在打开的下拉列表中选择“更多分栏”选项，打开“分栏”对话框，在“预设”栏中可选择预设的栏数。或在“栏数”数值框中输入设置的栏数，在“宽度和间距”栏中可设置栏之间的宽度与间距。

2. 设置分页

STEP 1　定位文本插入点，在【页面布局】/【页面设置】组中单击“分隔符”按钮。在打开的下拉列表中的“分页符”栏中选择“分页符”选项。

STEP 2 在文本插入点所在位置插入分页符，此时，插入点后面的内容将从下一页开始。

STEP 3 定位文本插入点后，在【页面布局】/【页面设置】组中单击“分隔符”按钮。在打开的下拉列表中的“分节符”栏中选择“下一页”选项，也可实现分页效果。

5.6.5 打印预览与打印

1. 打印预览

选择【文件】/【打印】命令，在右侧的界面中即可显示文档的打印效果。利用界面底部的参数可辅助预览文档内容，方法如下。

- **“页数”栏**：在其中的文本框中直接输入需预览内容所在的页数，按“Enter”键或单击其他空白区域即可跳转至该页面。也可通过单击该栏两侧的“上一页”按钮和“下一页”按钮逐页预览文档内容，方法如下。
- **“显示比例”栏**：单击该栏左侧的“显示比例”按钮100%，可在打开的对话框中快速设置需要显示的预览比例；拖动该栏中的滑块可直观调整预览比例；单击该栏右侧的“缩放到页面”按钮，可快速将预览比例调整为显示整页文档的比例。

2. 打印文档

STEP 1 选择【文件】/【打印】命令，在右侧的“份数”数值框中设置打印份数，在“打印机”下拉列表框中选择连接的打印机。

STEP 2 在“设置”栏的下拉列表框中设置文档的对应范围，在“页数”文本框中可手动输入打印的页数。

STEP 3 在“打印面数”下拉列表框中可设置单面打印或双面打印。若设置为双面打印，则需在听到打印机提示音时，手动更换页面，在“调整”下拉列表框中可设置打印顺序。

STEP 4 完成设置后，单击“打印”按钮即可打印文档。

Chapter 6

第6章 电子表格软件Excel 2010

6.1 Excel 2010 入门

6.1.1 Excel 2010 简介

Excel 2010 主要是用于制作电子表格、完成数据运算、进行数据统计和分析的一款软件，具有强大的数据处理和图表制作功能，被广泛地应用于管理、统计财经、金融等众多领域。通过 Excel，用户可以轻松、快速地制作出各种统计报表、工资表、考勤表、会计报表等，可以灵活地对各种数据进行整理、计算、汇总、查询和分析。

6.1.2 Excel 2010 的启动

Excel 2010 的启动方法有如下 5 种。

- 选择【开始】/【所有程序】/【Microsoft Office】/【Microsoft Excel 2010】命令。
- 在“开始”菜单中的“Microsoft Excel 2010”选项上单击鼠标右键，在弹出的快捷菜单中选择“发送到”子菜单中的“桌面快捷方式”命令，将 Excel 2010 的快捷启动图标发送到桌面，然后双击桌面上的快捷方式图标即可启动 Excel 2010。
- 在任务栏中的“快速启动区”单击 Excel 2010 图标。
- 双击使用 Excel 2010 创建的工作簿，也可启动 Excel 2010 并打开该工作簿。
- 经常使用 Excel 2010 软件的用户，在“开始”菜单中将直接显示 Excel 2010 选项，单击该选项可启动 Excel 2010。

6.1.3 Excel 2010 的窗口组成

Excel 2010 的工作界面与 Office 2010 其他组件的工作界面大致相似，由快速访问工具栏、标题栏、文件选项卡、功能选项卡、功能区、编辑栏和工作表编辑区等部分组成。

1. 编辑栏

编辑栏主要用于显示和编辑当前活动单元格中的数据或公式。在默认情况下，编辑栏中会显示名称框、“插入函数”按钮和编辑框等部分，但在单元格中输入数据或插入公式与函数时，编辑栏中的“取消”按钮和“输入”按钮也将显示出来。

2. 工作表编辑区

工作表编辑区是 Excel 编辑数据的主要场所，表格中的内容通常都显示在工作表编辑区中，用户的大部分操作也需要通过工作表编辑区进行。工作表编辑区主要包括行号与列标、单元格和工作表标签等部分。

6.1.4 Excel 2010 的视图方式

在 Excel 中，可根据需要在工作界面状态栏中单击视图按钮组中相应的按钮，或在【视图】/【工作簿视图】组中单击相应的按钮来切换视图，主要包括普通视图、页面布局视图、分页预览视图、全屏显示视图。

6.1.5 Excel 2010 的工作簿及其操作

1. 新建工作簿

新建工作簿的方法有如下 3 种。

- 启动 Excel 2010，此时 Excel 将自动新建一个名为“工作簿 1”的空白工作簿。
- 在需新建工作簿的桌面或文件夹空白处单击鼠标右键，在弹出的快捷菜单中选择“新建”子菜单中的“Microsoft Excel 工作表”命令，可新建一个名为“新建 Microsoft Excel 工作表”的空白工作簿。
- 启动 Excel 2010，选择【文件】/【新建】命令，在“可用模板”列表框中选择“空白工作簿”选项，在右下角单击“创建”按钮，可新建一个空白工作簿。

2. 保存工作簿

保存工作簿的方法有如下两种。

- **保存工作簿**：在“快速访问工具栏”中单击“保存”按钮，或按“Ctrl+S”组合键，或选择【文件】/【保存】命令。如果是第一次进行保存操作，将打开“另存为”对话框，在该对话框中可设置文件的保存位置，在“文件名”下拉列表框中可输入工作簿名称，设置完成后单击保存(S)按钮即可完成保存操作。
- **另存为新文件**：选择【文件】/【另存为】命令，打开“另存为”对话框，在其中设置工作簿的保存位置和名称后单击保存(S)按钮即可。

3. 打开工作簿

打开工作簿的方法有如下 3 种。

- 选择【文件】/【打开】命令或按“Ctrl+O”组合键，打开“打开”对话框，在其中选择要打开的工作簿，单击打开(O)按钮即可。
- 打开工作簿所在的文件夹，双击工作簿，可直接将其打开。
- 选择【文件】/【最近使用的文件】命令，在其中选择最近编辑过的工作簿可快速打开。

4. 关闭工作簿

关闭工作簿的方法有如下 3 种。

- 选择【文件】/【关闭】命令。
- 单击选项卡右侧的“关闭窗口”按钮。
- 按“Ctrl+W”组合键。

6.1.6 Excel 2010 的工作表及其操作

1. 选择工作表

选择工作表的方法有如下 4 种。

- **选择一张工作表**：单击相应的工作表标签，即可选择该工作表。
- **选择连续的多张工作表**：选择一张工作表后按住“Shift”键，再选择不相邻的另一张工作表，可同时选择这两张工作表之间的所有工作表。被选择的工作表呈高亮显示。

- **选择不连续的多张工作表**：选择一张工作表后按住“Ctrl”键，再依次单击其他工作表标签，即可同时选择所单击的工作表。
- **选择所有工作表**：在工作表标签的任意位置单击鼠标右键，在弹出的快捷菜单中选择“选定全部工作表”命令，可选择所有的工作表。

2. 重命名工作表

重命名工作表的方法有如下两种。

- 双击工作表标签，此时工作表标签呈可编辑状态，输入新的名称后按“Enter”键。
- 在工作表标签上单击鼠标右键，在弹出的快捷菜单中选择“重命名”命令，工作表标签呈可编辑状态，输入新的名称后按“Enter”键。

3. 移动和复制工作表

移动和复制工作表的方法有如下两种。

- **在同一工作簿中移动和复制工作表**：在同一工作簿中移动和复制工作表的方法比较简单，在要移动的工作表标签上按住鼠标左键不放，将其拖到目标位置即可；如果要复制工作表，则在拖动鼠标时按住“Ctrl”键。
- **在不同工作簿中移动和复制工作表**：在不同工作簿中复制和移动工作表就是指将一个工作簿中的内容移动或复制到另一个工作簿中。

4. 插入工作表

STEP 1 选择某一工作表，单击鼠标右键，在弹出的快捷菜单中选择“插入”命令，打开“插入”对话框。

STEP 2 在“常用”选项卡的列表框中选择“工作表”选项，表示插入空白工作表；也可在“电子表格方案”选项卡中选择一种表格样式，单击 确定 按钮即可。

5. 删除工作表

在需要删除的工作表标签上单击鼠标右键，在弹出的快捷菜单中选择“删除”命令。如果工作表中有数据，删除工作表时将打开提示对话框，单击 删除 按钮确认删除即可。

6. 保护工作表

STEP 1 在需要设置保护的工作表标签上单击鼠标右键，在弹出的快捷菜单中选择“保护工作表”命令，打开“保护工作表”对话框。

STEP 2 在“取消工作表保护时使用的密码”文本框中输入密码，在“允许此工作表的所有用户进行”列表框中设置用户可以进行的操作，单击 确定 按钮。

STEP 3 打开“确认密码”对话框，在“重新输入密码”文本框中输入密码，单击 确定 按钮。

6.1.7 Excel 2010 的单元格及其操作

1. 选择单元格

选择单元格的方法有如下 6 种。

- **选择单个单元格**：单击要选择的单元格。
- **选择多个连续的单元格**：选择一个单元格，然后按住鼠标左键不放并拖动鼠标。
- **选择不连续的单元格**：按住“Ctrl”键不放，分别单击要选择的单元格。
- **选择整行**：单击行号可选择整行单元格。

- **选择整列**：单击列标可选择整列单元格。
- **选择整个工作表中的所有单元格**：单击工作表编辑区左上角行号与列标交叉处的按钮即可。

2. 合并与拆分单元格

合并与拆分单元格的方法分别如下。

- **合并单元格**：选择需要合并的多个单元格，然后在【开始】/【对齐方式】组中单击“合并后居中”按钮。
- **拆分单元格**：选择合并的单元格，单击“合并后居中”按钮。或在【开始】/【对齐方式】组右下角单击按钮，打开“设置单元格格式”对话框，在“对齐方式”选项卡中撤销选中“合并单元格”复选框。

3. 插入与删除单元格

（1）插入单元格

STEP 1 在需要插入单元格的位置单击，在【开始】/【单元格】组中单击“插入”按钮右侧的下拉按钮，在打开的下拉列表中选择“插入单元格”选项。

STEP 2 打开“插入”对话框，单击选中“整行”单选项，单击确定按钮，可插入一行单元格。

STEP 3 单击“插入”按钮右侧的下拉按钮，在打开的下拉列表中选择“插入工作表行”或“插入工作表列”选项，可插入整行或整列单元格。

（2）删除单元格

选择要删除的单元格，单击【开始】/【单元格】组中的“删除”按钮右侧的下拉按钮，在打开的下拉列表中选择“删除单元格”选项。打开“删除”对话框，单击选中相应的单选项后，单击确定按钮即可删除所选单元格。此外，单击“删除”按钮右侧的下拉按钮，在打开的下拉列表中选择“删除工作表行”或“删除工作表列”选项，可删除整行或整列单元格。

6.1.8 退出 Excel 2010

退出 Excel 2010 的方法有如下 4 种。

- 选择【文件】/【退出】命令。
- 单击 Excel 2010 窗口右上角的“关闭”按钮。
- 按“Alt+F4”组合键。
- 单击 Excel 2010 窗口左上角的控制菜单图标，在打开的下拉列表中选择“关闭”选项。

6.2 Excel 2010 的数据与编辑

6.2.1 数据输入与填充

1. 输入普通数据

输入普通数据的方法有如下 3 种。

- **选择单元格输入**：选择单元格后，直接输入数据，然后按“Enter”键。
- **在单元格中输入**：双击要输入数据的单元格，将鼠标光标定位到其中，输入所需数据后按“Enter”键。
- **在编辑栏中输入**：选择单元格，然后将鼠标指针移到编辑栏中并单击，将鼠标光标定位到编辑栏中，输入数据并按“Enter”键。

2. 快速填充数据

（1）通过“序列”对话框填充

STEP 1 在起始单元格中输入起始数据，然后选择需要填充规律数据的单元格区域，在【开始】/【编辑】组中单击“填充”按钮右侧的下拉按钮，在打开的下拉列表中选择“系列”命令，打开“序列”对话框。

STEP 2 在“序列产生在”栏中选择序列产生的位置，在“类型”栏中选择序列的特性，在“步长值”文本框中输入序列的步长，在“终止值”文本框中设置序列的最后一个数据，单击确定按钮即可。

（2）使用控制柄填充相同数据

在起始单元格中输入起始数据，将鼠标指针移至该单元格右下角的控制柄上，当其变为+形状时，按住鼠标左键不放并拖动至所需位置释放鼠标即可。

（3）使用控制柄填充有规律的数据

在单元格中输入起始数据，在相邻单元格中输入下一个数据，选择已输入数据的两个单元格，将鼠标指针移至选区右下角的控制柄上，当其变为+形状时，按住鼠标左键不放拖动至所需位置后释放鼠标即可。

6.2.2 数据的编辑

1. 修改和删除数据

修改和删除数据的方法有如下 3 种。

- **在单元格中修改或删除**：双击需要修改或删除数据的单元格，在单元格中定位光标，修改或删除数据，然后按“Enter”键完成操作。
- **选择单元格修改或删除**：选择该单元格，然后重新输入正确的数据（也可在选择单元格后按“Delete”键删除所有数据，然后输入需要的数据），再按“Enter”键。
- **在编辑栏中修改或删除**：选择单元格，将鼠标指针移到编辑栏中并单击，将光标定位到编辑栏中，修改或删除数据后按“Enter”键完成操作。

2. 移动或复制数据

移动或复制数据的方法有如下 3 种。

- **通过【剪贴板】组移动或复制数据**：选择需移动或复制数据的单元格，在【开始】/【剪贴板】组中单击“剪切”按钮或“复制”按钮。选择目标单元格，然后单击“剪贴板”组中的“粘贴”按钮。
- **通过右键快捷菜单移动或复制数据**：选择需移动或复制数据的单元格，单击鼠标右键，在弹出的快捷菜单选择“剪切”或“复制”命令。选择目标单元格，然后单击鼠标右键，在弹出的快捷菜单选择选择“粘贴”命令。
- **通过快捷键移动或复制数据**：选择需移动或复制数据的单元格，按“Ctrl+X”组合键或“Ctrl+C”组合键。选择目标单元格，然后按“Ctrl+V”组合键。

3. 查找和替换数据

（1）查找数据

STEP 1 在【开始】/【编辑】组中单击“查找和选择”按钮，在打开的下拉列表中选择“查找”选项，打开“查找和替换”对话框。

STEP 2 在“查找内容”下拉列表框中输入要查找的数据，单击 查找下一个(F) 按钮，即可快速查找到匹配条件的单元格。

STEP 3 单击 选项(T) >> 按钮，可以打开更多的查找条件。单击 查找全部(I) 按钮，可以在“查找和替换”对话框下方列表中显示所有包含需要查找文本的单元格位置，查找完成后单击 关闭 按钮。

（2）替换数据

STEP 1 打开“查找和替换”对话框，在“替换”选项卡中的“查找内容”下拉列表框中输入要查找的数据，在“替换为”下拉列表框中输入需替换的内容。

STEP 2 单击 查找下一个(F) 按钮，查找符合条件的数据，然后单击 替换(R) 按钮进行替换。或单击 查找全部(I) 按钮，将所有符合条件的数据一次性全部替换。

6.2.3 数据格式设置

1. 设置字体格式

设置字体格式的方法有如下两种。

- **通过“字体”组设置**：选择要设置的单元格，在【开始】/【字体】组中可设置表格数据的字体、字号、加粗、倾斜、下划线和颜色效果。
- **通过“字体”选项卡设置**：选择要设置的单元格，单击鼠标右键，在弹出的快捷菜单中选择“设置单元格格式”命令。打开“设置单元格格式”对话框，单击“字体”选项卡，在其中可以设置单元格中数据的字体格式等。

2. 设置对齐方式

设置对齐方式的方法有如下两种。

- **通过“对齐方式”组设置**：选择要设置的单元格，在【开始】/【对齐方式】组中单击相应的按钮，可快速为选择的单元格设置相应的对齐方式。
- **通过“设置单元格格式”对话框设置**：选择需要设置对齐方式的单元格或单元格区域，单击【开始】/【对齐方式】组中的“对话框启动器”按钮。打开“设置单元格格式”对话框，单击“对齐”选项卡，在其中可设置单元格的对齐方式。

3. 设置数字格式

设置数字格式的方法有如下两种。

- **通过“数字”组设置**：选择要设置的单元格，在【开始】/【数字】组中单击下拉列表框右侧的下拉按钮，在打开的下拉列表中可以选择一种数字格式。
- **通过“设置单元格格式”对话框设置**：选择需要设置数据格式的单元格，打开“设置单元格格式”对话框，单击“数字”选项卡，在其中可以设置单元格中的数据类型。

4. 设置特殊格式字符

设置特殊格式字符的方法主要有如下两种。

- **输入身份证号码**：选择要输入的单元格区域，单击鼠标右键，在弹出的快捷菜单中选择“设置单元格格式”命令。打开“设置单元格格式”对话框，单击“数字”选项卡，在“分类”列表框中选择“文本”选项。或选择“自定义”选项后，在“类型”列表框中选择“@”选项，单击 确定 按钮。
- **输入分数**：先输入一个英文状态下的单引号“'”，再输入分数即可。也可以选择要输入分数的单元格区域，打开“单元格格式”对话框，在“数字”选项卡中的“分类”列表框中选择“分数”选项，并在对话框右侧设置分数格式，然后单击 确定 按钮进行输入。

6.3 Excel 2010 的单元格格式设置

6.3.1　设置行高和列宽

设置行高和列宽的方法有如下两种。

- **通过拖动边框线调整：** 将鼠标指针移至单元格的行标或列标之间的分隔线上，按住鼠标左键不放，此时将出现一条虚线，代表边框线移动的位置，拖动到适当大小后释放鼠标即可调整单元格行高与列宽。
- **通过对话框设置：** 在【开始】/【单元格】组中单击“格式”按钮，在打开的下拉列表中选择“行高”选项或“列宽”选项。在打开的“行高”对话框或“列宽”对话框中输入行高值或列宽值，单击 确定 按钮。

6.3.2　设置单元格边框

设置单元格边框的方法有如下两种。

- **通过“字体”组设置：** 选择要设置的单元格后，在【开始】/【字体】组中单击“边框”按钮右侧的下拉按钮。在打开的下拉列表中可选择所需的边框线样式，在“绘制边框”栏的“线条颜色”和“线型”子选项中可选择边框的线型和颜色。
- **通过“边框”选项卡设置：** 选择需要设置边框的单元格，打开“设置单元格格式”对话框，单击“边框”选项卡，在其中可设置各种粗细、样式或颜色的边框。

6.3.3　设置单元格填充颜色

设置单元格填充颜色的方法有如下两种。

- **通过“字体”组设置：** 选择要设置的单元格后，在【开始】/【字体】组中单击“填充颜色”按钮右侧的下拉按钮，在打开的下拉列表中可选择所需的填充颜色。
- **通过“填充”选项卡设置：** 选择需要设置的单元格，打开“设置单元格格式”对话框，单击“填充”选项卡，在其中可设置填充的颜色和图案样式。

6.3.4　使用条件格式

1. 快速设置条件格式

STEP 1 选择要设置条件格式的单元格区域，在【开始】/【样式】组中单击“条件格式”按钮，在打开的下拉列表中选择“突出显示单元格规则”子列表中的某个选项。

STEP 2 在打开的对话框的左侧文本框中输入数值，在“设置为”下拉列表中选择所需的选项，设置突出显示的颜色，然后单击 确定 按钮。

2. 新建条件格式规则

选择单元格区域，在【开始】/【样式】组中单击“条件格式”按钮。在打开的下拉列表中选择“新建规则”选项，打开“新建格式规则”对话框，在其中的列表框中选择“只为包含以下内容的单元格设置格式”选项，在“编辑规则说明”栏中设置条件，单击 格式(F)... 按钮。在打开的对话框中编辑条件格式的显示效果，编辑完成后单击 确定 按钮。

6.3.5　套用表格格式

套用表格格式的方法有如下两种。

- **应用单元格样式**：选择要设置样式的单元格，在【开始】/【样式】组中单击列表框右侧的“其他”按钮，在打开的下拉列表中可直接选择一种 Excel 预置的单元格样式。
- **套用表格格式**：选择要套用格式的表格区域，在【开始】/【样式】组中单击“套用表格格式”按钮。在打开的下拉列表中可直接选择一种 Excel 预置的表格格式，打开“套用表格格式”对话框，然后单击 确定 按钮应用表格样式。

6.4 Excel 2010 的公式与函数

6.4.1 公式的概念

Excel 中的公式即对工作表中的数据进行计算的等式，以“=（等号）”开始，通过各种运算符号，将值或常量和单元格引用、函数返回值等组合起来，形成公式表达式。公式是计算表格数据非常有效的工具，Excel 可以自动计算公式表达式的结果，并显示在相应的单元格中。

6.4.2 公式的使用

1. 输入公式

选择要输入公式的单元格，在单元格或编辑栏中输入“=”，接着输入公式内容，完成后按“Enter”键或单击编辑栏上的“输入”按钮即可。或在【公式】/【函数库】组中选择所需函数，或单击编辑栏中的“插入函数”按钮，然后选择所需函数即可。

2. 编辑公式

选择含有公式的单元格，将文本插入点定位在编辑栏或单元格中需要修改的位置，按“Backspace”键删除多余或错误内容，再输入正确的内容，完成后按“Enter”键即可。

3. 填充公式

在选择已添加公式的单元格，将鼠标指针移至该单元格右下角的控制柄上，当其变为+形状时，按住鼠标左键不放并拖动至所需位置，释放鼠标，即可在选择的单元格区域中填充相同的公式并计算出结果。

4. 复制和移动公式

在复制公式的过程中，Excel 会自动调整引用单元格的地址。复制公式的操作方法与复制数据的操作相同。移动公式的方法与移动其他数据的方法相同。

6.4.3 单元格的引用

1. 单元格引用类型

根据单元格地址是否改变，可将单元格引用分为相对引用、绝对引用和混合引用。

2. 同一工作簿不同工作表的单元格引用

在同一工作簿中引用不同工作表中的内容，需要在单元格或单元格区域前标注工作表名称，表示引用该工作表中该单元格或单元格区域的值。

3. 不同工作簿不同工作表的单元格引用

在引用工作表的单元格中输入“=”，然后切换到被引用工作簿。选择需要的单元格，在编辑框中可查看当前引用公式，按“Ctrl+Enter”组合键确认引用。

6.4.4　函数的使用

1. Excel 中的常用函数

Excel 2010 中提供了多种函数，每个函数的功能、语法结构及其参数的含义各不相同，常用的有 SUM 函数、AVERAGE 函数、IF 函数、COUNT 函数、MAX/MIN 函数、SIN 函数、PMT 函数和 SUMIF 函数。

2. 插入函数

单击编辑栏的“插入函数”按钮 fx 或【公式】/【函数库】组中的“插入函数”按钮 fx，Excel 自动在所选单元格中插入“=”并打开“插入函数”对话框，在“选择函数”列表框中选择要使用的函数。单击 确定 按钮，在打开的对话框中进行函数参数的设置，完成后单击 确定 按钮即可。

6.4.5　快速计算与自动求和

1. 快速计算

选择需要计算单元格之和或单元格平均值的区域，在 Excel 工作界面的状态栏中可以直接查看计算结果，包括平均值、个数、总和等。

2. 自动求和

选择需要求和的单元格，在【公式】/【函数库】组中单击“自动求和”按钮 Σ，即可在当前单元格中插入求和函数“SUM”，单击编辑栏中的“输入”按钮 ✓ 或按“Enter”键，完成求和的计算。

6.5 Excel 2010 的数据管理

6.5.1　数据排序

1. 快速排序

将鼠标光标定位到要排序的列中的任意单元格，单击【数据】/【排序和筛选】组中的“升序”按钮 或“降序”按钮 。此时将打开提示框，在其中单击选中“扩展选定区域”单选项，然后单击 排序(S) 按钮即可。

2. 组合排序

STEP 1 将鼠标指针定位在需要组合排序列中的任意单元格中，单击【数据】/【排序和筛选】组中的“排序”按钮，打开“排序”对话框。

STEP 2 在“主要关键字”下拉列表中选择选项，在“次序”下拉列表中选择排序方式。单击 添加条件(A) 按钮，添加“次要关键字”条件。然后在“次要关键字”下拉列表中选择次要关键字选项，在“次序”下拉列表中选择排序方式，设置完成后单击 确定 按钮。

3. 自定义排序

STEP 1 打开“排序”对话框，在“主要关键字”下拉列表中选择关键字选项，在“次序”下拉列表中选择排序方式。在“次要关键字”下拉列表中选择次要关键字选项，在“次序”下拉列表中选择“自定义排序”选项。打开“自定义序列”对话框，在“输入序列”文本框中输入排列顺序。

STEP 2 单击 确定 按钮返回“排序”对话框，再单击 确定 按钮确认设置即可。

6.5.2 数据筛选

1. 自动筛选

选择需要进行自动筛选的单元格区域，单击【数据】/【排序和筛选】组中的“筛选”按钮。此时各列表头右侧将出现一个下拉按钮，单击下拉按钮，在打开的下拉列表中选择需要筛选的选项或取消选择不需要显示的数据即可，不满足条件的数据将自动隐藏。

2. 自定义筛选

选择要自定义筛选的单元格区域，单击【数据】/【排序和筛选】组中的“筛选”按钮。单击单元格表头右侧的下拉按钮，在打开的下拉列表中选择“文本筛选”或“数字筛选”选项，在打开的下拉列表中选择筛选条件。或选择“自定义筛选”选项，打开“自定义自动筛选方式”对话框，在其中设置筛选条件，设置完成后单击确定按钮即可。

3. 高级筛选

首先需要设置条件区域，条件区域至少为两行：第一行放置列标签，通常与该区域中的列标题保持一致，如果对于同列有多个条件进行判断，可以再增加相同的列标签；第二行用于输入判断条件（即公式输入）。如果有较多条件需要输入时，根据需要可以再增加空白行。在输入条件时，同行的条件表示进行“与”运算，同列条件表示进行“或”运算。

6.5.3 分类汇总

1. 单项分类汇总

对需要分类汇总的数据进行排序，然后选择排序后的任意单元格，单击【数据】/【分级显示】组中的“分类汇总”按钮。打开“分类汇总”对话框，在其中对“分类字段”“汇总方式”“选定汇总项”等进行设置，完成后单击确定按钮即可。

2. 嵌套分类汇总

在完成基础分类汇总后，单击【数据】/【分级显示】组中的“分类汇总”按钮，打开“分类汇总”对话框。在“分类字段”下拉列表框中选择一个新的分类选项，再对汇总方式、汇总项进行设置，撤销选中“替换当前分类汇总”复选框，单击确定按钮即可。

6.5.4 合并计算

选择需要合并计算的目标单元格，在【数据】/【数据工具】组中单击“合并计算”按钮，打开“合并计算”对话框。在“函数”下拉列表中选择所需函数，在“引用位置”参数框中输入或选择第一个被引用单元格，然后单击添加(A)按钮将其添加到“所有引用位置”列表框中。继续选择第二个被引用单元格，将其添加到列表框中，选择完成后单击确定按钮即可。

6.6 Excel 2010 的图表

6.6.1 图表的概念

Excel 为用户提供了种类丰富的图表类型，包括柱形图、条形图、折线图和饼图等。不同类型的图表，其适用情况也有所不同。图表由图标图表区和绘图区构成，图表区指图表整个背景区域，绘图区则包括数据系列、坐标轴、图表标题、数据标签、图例等部分。

6.6.2　图表的建立与设置

1. 创建图表

选择数据区域，选择【插入】/【图表】组，在“图表”组中选择合适的图表类型，如单击“柱形图”按钮，在打开的下拉列表框中选择一种柱形图类型，将其插入表格中即可。

2. 设置图表

选择图表，将鼠标指针移动到图表中，按住鼠标左键不放并拖动可调整其位置；将鼠标指针移动到图表四角上，按住鼠标左键不放并拖动可调整图表的大小。选择不需要的图表部分，按“Backspace”键或“Delete”键即可将其删除。

6.6.3　图表的编辑

1. 编辑图表数据

在【图表工具】/【设计】/【数据】组中单击“选择数据”按钮，打开“选择数据源”对话框，在其中可重新选择和设置数据。

2. 设置图表位置

选择【图表工具】/【设计】/【位置】组，单击“移动图表”按钮，打开“移动图表”对话框，单击选中“新工作表”单选项，即可将图表移动到新工作表中。

3. 更改图表类型

选择图表，选择【图表工具】/【设计】/【类型】组，单击“更改图表类型”按钮，在打开的“更改图表类型”对话框中重新选择所需图表类型即可。

4. 设置图表样式

选择图表，选择【图表工具】/【设计】/【图表样式】组，在列表框中选择所需样式。

5. 设置图表布局

选择要更改布局的图表，在【图表工具】/【设计】/【图表布局】组中选择合适的图表布局即可。

6. 编辑图表元素

选择【图表工具】/【布局】/【标签】组，在其中选择需要调整的图表元素。如需要调整图例的位置，可单击“图例”按钮，在打开的下拉列表中选择所需选项。

6.6.4　快速突显数据的迷你图

选择需要插入的一个或多个迷你图的空白单元格或一组空白单元格，在【插入】/【迷你图】组中选择要创建的迷你图类型。在打开的“创建迷你图”对话框的“数据范围”数值框中输入或选择迷你图所基于的数据区域，在“位置范围”数值框中选择迷你图放置的位置，单击确定按钮。

6.7 打印

6.7.1　页面布局设置

页面布局设置的方法有如下两种。

- **通过“分页预览”视图调整分页符**：选择【页面布局】/【页面设置】组，单击“分隔符”按钮，可以对分页符进行添加、删除和移动操作。

- **通过“页面布局”视图调整打印效果：**选择【页面布局】/【页面设置】组，在其中可以对页面布局、纸张大小、纸张方向、打印区域、背景、打印标题等进行设置。

6.7.2 页面预览

选择【文件】/【打印】命令，打开“打印”页面，在该页面右侧可预览打印效果。

6.7.3 打印设置

选择【文件】/【打印】命令，打开“打印”页面。在“打印”栏的“分数”数值框中输入打印数量，在“打印机”下拉列表中选择当前可使用的打印机，在“设置”下拉列表中选择打印范围，在“单面打印”“调整”“纵向”“自定义页面大小”下拉列表中可分别对打印方式、打印方向等进行设置。设置完成后单击“打印”按钮即可进行打印操作。

Chapter

7

第7章 演示文稿软件PowerPoint 2010

7.1 PowerPoint 2010 入门

7.1.1 PowerPoint 2010 简介

PowerPoint 是 Microsoft 公司推出的 Office 软件中的组件之一，主要用于制作和演示文档。使用 PowerPoint 制作的演示文稿可以通过投影仪或计算机进行演示，在会议召开、产品展示和教学课件演示等领域中十分常用。演示文稿一般由若干张幻灯片组成，每张幻灯片中都可以放置文字、图片、多媒体、动画等内容，从而独立表达主题。完成演示文稿的制作后，即可使用幻灯片放映功能对其内容进行展示，并可自主控制演示过程。

7.1.2 PowerPoint 2010 的启动

PowerPoint 2010 的启动方法有如下 5 种。

- 选择【开始】/【所有程序】/【Microsoft Office】/【Microsoft PowerPoint 2010】命令。
- 双击桌面上的 PowerPoint 快捷方式图标。
- 在任务栏中的“快速启动区”单击 PowerPoint 2010 图标 。
- 双击 PowerPoint 2010 创建的演示文稿，可启动 PowerPoint 2010 并打开该演示文稿。
- 在“开始”菜单中的快速启动区单击 PowerPoint 2010 选项。

7.1.3 PowerPoint 2010 的窗口组成

启动 PowerPoint 2010 后将进入 PowerPoint 2010 的工作界面。PowerPoint 工作界面与其他 Office 组件大致类似，其不同之处主要体现在幻灯片编辑区、“幻灯片 / 大纲”窗格和“备注”窗格等部分，下面主要对 PowerPoint 特有的组成部分进行介绍。

- **幻灯片编辑区**：位于演示文稿编辑区的中心，用于显示和编辑幻灯片的内容。在默认情况下，标题幻灯片中包含一个正标题占位符，一个副标题占位符，内容幻灯片中包含一个标题占位符和一个内容占位符。
- **“幻灯片 / 大纲”窗格**：位于演示文稿编辑区的左侧，上方有两个选项卡，单击不同的选项卡可在“幻灯片”窗格和“大纲”窗格之间切换。其中“幻灯片”窗格主要显示当前演示文稿中所有幻灯片的缩略图，单击某张幻灯片缩略图，可跳转到该幻灯片并在右侧的幻灯片编辑区中显示该幻灯片的内容；“大纲”窗格可以显示当前演示文稿中所有幻灯片的标题与正文内容，在“大纲”窗格可快速编辑幻灯片中的文本内容。
- **“备注”窗格**：在该窗格中可输入当前幻灯片的备注信息，为演示者的演示做提醒说明。

- **状态栏**：位于工作界面的下方，主要由状态提示栏、视图切换按钮、显示比例栏 3 部分组成。其中状态提示栏用于显示幻灯片的数量、序列信息，以及当前演示文稿使用的主题；视图切换按钮用于在演示文稿的不同视图之间切换，单击相应的视图切换按钮即可切换到对应的视图中，从左到右依次是“普通视图”按钮、“幻灯片浏览”按钮、“阅读视图”按钮、“幻灯片放映”按钮；显示比例栏用于设置幻灯片窗格中幻灯片的显示比例，单击按钮或按钮，将以 10% 的比例缩小或放大幻灯片，拖动两个按钮之间的滑块，可放大或缩小幻灯片，单击右侧的“使幻灯片适应当前窗口”按钮，将根据当前幻灯片窗格的大小显示幻灯片。

7.1.4 PowerPoint 2010 的窗口视图方式

PowerPoint 2010 为用户提供了普通视图、幻灯片浏览视图、幻灯片放映视图、阅读视图和备注页视图 5 种视图模式，在工作界面下方的状态栏中单击相应的视图切换按钮或在【视图】/【演示文稿视图】组中单击相应的视图切换按钮即可进入相应的视图。

7.1.5 PowerPoint 2010 的演示文稿及其操作

1. 新建演示文稿

新建演示文稿的方法有如下 4 种。

- 新建空白演示文稿：启动 PowerPoint 2010 后，系统将自动新建一个名为“演示文稿 1”的空白演示文稿。或选择【文件】/【新建】命令，在中间列表框中单击“空白演示文稿”图标，再单击右侧的“创建”按钮；或按“Ctrl+N”组合键，均可新建空白演示文稿。
- 利用样本模板创建演示文稿：选择【文件】/【新建】命令，在中间列表框中单击“样本模板”图标，在“可用的模板和主题”列表框中选择一种模板样式，在右侧单击“创建”按钮，便可创建该样本模板样式的演示文稿。
- 根据主题创建演示文稿，操作步骤如下。

STEP 1 选择【文件】/【新建】命令，在中间列表框中单击“主题”图标。

STEP 2 在“可用的模板和主题”列表框中选择一种主题样式，在右侧单击“创建”按钮，便可创建该主题样式的演示文稿。

- 根据现有内容创建演示文稿：选择【文件】/【新建】命令，在中间列表框中单击“根据现有内容新建”图标，打开“根据现有演示文稿新建”对话框，选择已有的演示文稿，并单击新建(C)按钮。

2. 保存演示文稿

保存演示文稿的方法有如下两种。

- **直接保存**：选择【文件】/【保存】命令或单击快速访问工具栏中的“保存”按钮。如果文档已执行过保存操作，PowerPoint 将直接用现在编辑的内容替换过去保存的内容。如果文档是第一次进行保存，PowerPoint 会自动打开“另存为”对话框，用户须在该对话框中设置演示文稿保存的位置和名称。
- **另存为**：对于保存过的演示文稿，如果需要将其保存为其他格式或保存到其他位置，可以选择【文件】/【另存为】命令，打开“另存为”对话框，在其中重新指定新的文件名称或保存位置，然后单击保存(S)按钮。

3. 打开演示文稿

打开演示文稿的方法有如下 4 种。

- **打开演示文稿**：启动 PowerPoint 2010 后，选择【文件】/【打开】命令或按“Ctrl+O”键，打开“打开”对话框。在其中选择需要打开的演示文稿，单击 打开(O) ▾ 按钮，即可打开选择的演示文稿。
- **打开最近使用的演示文稿**：PowerPoint 2010 提供了记录最近打开的演示文稿的功能，如果想打开最近打开过的演示文稿，可选择【文件】/【最近所用文件】命令，在打开的页面中将显示最近打开的演示文稿名称和保存路径，选择需要打开的演示文稿即可将其打开。
- **以只读方式打开演示文稿**：以只读方式打开的演示文稿只能进行浏览，不能进行编辑。其打开方法是：选择【文件】/【打开】命令，打开“打开”对话框，在其中选择需要打开的演示文稿，单击 打开(O) ▾ 按钮右侧的下拉按钮▾，在打开的下拉列表中选择“以只读方式打开”选项。此时，打开的演示文稿“标题”栏中将显示“只读”字样，在以只读方式打开的演示文稿中进行编辑后，不能直接进行保存操作。
- **以副本方式打开演示文稿**：以副本方式打开演示文稿指将演示文稿作为副本打开，在副本中进行编辑后，不会影响原文件的内容。在打开的“打开”对话框中选择需要打开的演示文稿后，单击 打开(O) ▾ 按钮右侧的下拉按钮▾。在打开的下拉列表中选择“以副本方式打开”选项即可，此时演示文稿“标题”栏中将显示“副本”字样。

7.1.6 PowerPoint 2010 的幻灯片及其操作

1. 新建幻灯片

新建幻灯片的方法有如下两种。

- **在“幻灯片 / 大纲”窗格中新建**：单击“幻灯片”或“大纲”选项卡，选择已有的幻灯片，单击鼠标右键，在弹出的快捷菜单中选择“新建幻灯片”命令。
- **通过【幻灯片】组新建**：在普通视图或幻灯片浏览视图中选择一张幻灯片，在【开始】/【幻灯片】组中单击“新建幻灯片”按钮下方的下拉按钮▾，在打开的下拉列表中选择一种幻灯片版式即可。

2. 应用幻灯片版式

在【开始】/【幻灯片】组中单击“版式”按钮右侧的下拉按钮▾，在打开的下拉列表中选择一种幻灯片版式，即可将其应用于当前幻灯片。

3. 选择幻灯片

选择幻灯片的方法有如下 3 种。

- **选择单张幻灯片**：在“幻灯片”窗格中单击幻灯片缩略图，或在“大纲”窗格中单击图标可选择当前幻灯片。
- **选择多张幻灯片**：在幻灯片浏览视图或“幻灯片”窗格中按住“Shift”键并单击幻灯片可选择多张连续的幻灯片，按住“Ctrl”键并单击幻灯片可选择多张不连续的幻灯片。
- **选择全部幻灯片**：在幻灯片浏览视图或“幻灯片”窗格中按“Ctrl+A”组合键即可选中全部幻灯片。

4. 移动和复制幻灯片

移动和复制幻灯片的方法有如下 3 种。

- **通过拖动鼠标**：选择需移动的幻灯片，按住鼠标左键不放并拖动到目标位置后释放鼠标完成移动操作；选择幻灯片，按住“Ctrl”键并拖动到目标位置，完成幻灯片的复制操作。
- **通过菜单命令**：选择需移动或复制的幻灯片，在其上单击鼠标右键，在弹出的快捷菜单中选择“剪切”或“复制”命令。将鼠标定位到目标位置，单击鼠标右键，在弹出的快捷菜单中选择“粘贴”命令，完成幻灯片的移动或复制操作。

- **通过快捷键**：选择需移动或复制的幻灯片，按“Ctrl+X”组合键（移动）或“Ctrl+C”组合键（复制），然后在目标位置按“Ctrl+V”组合键进行粘贴，完成移动或复制操作。

在“幻灯片/大纲”窗格或幻灯片浏览视图中选择幻灯片，按“Ctrl+X”组合键剪切幻灯片，按“Ctrl+C”组合键复制幻灯片，然后在目标位置按“Ctrl+V”组合键进行粘贴也可实现移动或复制操作。

5. 删除幻灯片

删除幻灯片的方法有如下 3 种。

- 选择要删除的幻灯片，然后单击鼠标右键，在弹出的快捷菜单中选择“删除幻灯片”命令。
- 选择要删除的幻灯片，按“Delete”键。
- 选择要删除的幻灯片，按“Backspace”键。

7.1.7 PowerPoint 2010 的退出

退出 PowerPoint 2010 的方法有如下 3 种。

- **通过单击按钮关闭**：单击 PowerPoint 2010 工作界面标题栏右上角的“关闭”按钮，关闭演示文稿并退出 PowerPoint 程序。
- **通过快捷菜单关闭**：在 PowerPoint 2010 工作界面标题栏上单击鼠标右键，在弹出的快捷菜单中选择“关闭”命令。

通过命令关闭：选择【文件】/【关闭】命令。

7.2 演示文稿的编辑与设置

7.2.1 编辑幻灯片

1. 插入并编辑文本

文本是幻灯片的重要组成部分，无论是演讲类、报告类的演讲文稿，还是形象展示类的演讲文稿，都离不开文本的输入与编辑。

（1）输入文本

输入文本的方法有如下 3 种。

- **在占位符中输入文本**：新建演示文稿或插入新幻灯片后，幻灯片中会包含两个或多个虚线文本框，即占位符。单击占位符，即可输入文本内容。
- **通过文本框输入文本**：在【插入】/【文本】组单击“文本框”按钮下方的下拉按钮，在打开的下拉列表中选择“横排文本框”选项或“竖排文本框”选项。当鼠标指针变为↓形状时，单击需添加文本的空白位置创建一个文本框，在其中输入文本即可。
- **通过“大纲”窗格输入文本**：单击“大纲”选项卡切换到“大纲”窗格，将鼠标指针定位到相应的幻灯片图标后即可输入文本。

（2）编辑文本格式

STEP 1 选择文本或文本占位符，在【开始】/【字体】组可以对字体、字号、颜色等进行设置，还能单击 **B**（加粗）、*I*（倾斜）、U（下划线）等按钮为文本添加相应效果。

STEP 2 选择文本或文本占位符，在【开始】/【字体】组右下角单击“对话框启动器”按钮，在打开的“字体”对话框中也可对文本的字体、字号、颜色等进行设置。

2. 插入并编辑艺术字

（1）插入艺术字

在 PowerPoint 中选择输入的文本，在【绘图工具】/【格式】/【艺术字样式】组中单击“其他”按钮，在打开的下拉列表中选择相应的选项，可为当前所选文本设置艺术字效果。此外，也可在【插入】/【文本】组中单击“艺术字”按钮下方的下拉按钮，在打开的下拉列表中选择艺术字样式选项，然后在出现的提示文本框中输入艺术字文本。

（2）编辑艺术字

选择输入的艺术字文本，在【绘图工具】/【格式】/【艺术字样式】组中单击“其他”按钮，在打开的下拉列表中选择相应选项，可以修改艺术字的样式。在【绘图工具】/【格式】/【形状样式】组中单击“其他”按钮，在打开的下拉列表中可以选择修改艺术字文本框的的形状样式。

3. 插入表格

（1）插入表格

插入表格的方法有如下 3 种。

- **自动插入表格**：选择要插入表格的幻灯片，在【插入】/【表格】组中单击“表格”按钮，在打开的下拉列表中拖动鼠标选择表格行列数，到合适位置后释放鼠标即可插入表格。
- **通过“插入表格”对话框插入**：选择要插入表格的幻灯片，在【插入】/【表格】组中单击“表格”按钮。在打开的下拉列表中选择“插入表格”选项，打开“插入表格”对话框，在其中输入表格所需的行数和列数，单击 确定 按钮完成表格插入。
- **手动绘制表格**：在“表格”下拉列表中选择“绘制表格”选项，此时鼠标指针变成形状。在需要插入表格处按住鼠标左键不放并拖动，出现一个虚线框显示的表格，拖动鼠标调整虚框到适当大小后释放鼠标，绘制出表格的边框，然后在【表格工具】/【设计】/【绘制边框】组中单击“绘制表格”按钮，在绘制的边框中按住鼠标左键横向或纵向拖动出现一条虚线，释放鼠标即可在表格中画出行线或列线。

（2）输入表格内容并编辑表格

输入表格内容并编辑表格的方法有如下 7 种。

- **调整表格大小**：选择表格，将鼠标指针移到表格边框上，当鼠标光标变为形状时，按住鼠标左键不放并拖动鼠标，可调整表格大小。
- **调整表格位置**：将鼠标指针移动到表格上，当鼠标变为形状时，按住鼠标左键不放进行拖动，移至合适位置后释放鼠标，可调整表格位置。
- **输入文本和数据**：将鼠标光标定位到单元格中即可输入文本和数据。
- **选择行 / 列**：将鼠标指针移至表格左侧，当鼠标指针变为➡形状时，单击鼠标左键可选择该行。将鼠标指针移至表格上方，当鼠标指针变为⬇形状时，单击鼠标左键可选择该列。
- **插入行 / 列**：将鼠标指针定位到表格的任意单元格中，在【表格工具】/【布局】/【行和列】组中单击“在上方插入”按钮、“在下方插入”按钮、“在左侧插入”按钮、“在右侧插入”按钮，即可在表格相应位置插入行或列。
- **删除行 / 列**：选择多余的行，在【表格工具】/【布局】/【行和列】组中单击“删除”按钮即可。
- **合并单元格**：选择要合并的单元格，在【表格工具】/【布局】/【合并】组中单击“合并单元格”按钮即可。

（3）调整行高和列宽

将鼠标指针移到表格中需要调整列宽或行高的单元格分隔线上。当鼠标指针变为形状时，按住鼠标左键不放向左右或上下拖动，移至合适位置时释放鼠标，即可完成列宽或行高的调整。如果想精确设置表格行高或列宽，可在【表格工具】/【布局】/【单元格大小】组中的数值框中输入具体的数值。

（4）美化表格

在【表格工具】/【设计】/【表格样式】组中单击“其他”按钮，打开样式列表，在其中选择需要的样式即可。同时，在该组中单击底纹、边框、效果按钮，在打开的下拉列表中还可为表格设置底纹、边框和三维立体效果。

4. 插入并编辑图表

（1）创建图表

在【插入】/【插图】组中单击“图表”按钮，打开“插入图表”对话框。在对话框左侧选择图表类型，在对话框右侧的列表框中选择柱状图类型下的图表样式，然后单击确定按钮，此时将打开“Microsoft PowerPoint 中的图表”电子表格，在其中输入表格数据。然后关闭电子表格，即可完成图表的插入。

（2）编辑图表

编辑图表的方法有如下 4 种。

- **调整图表大小**：选择图表，将鼠标指针移到图表边框上，当鼠标光标变为形状时，按住鼠标左键不放并拖动鼠标，可调整图表大小。
- **调整图表位置**：将鼠标指针移动到图表上，当鼠标变为形状时，按住鼠标左键不放进行拖动，移至合适位置后释放鼠标，可调整图表位置。
- **修改图表数据**：在【图表工具】/【设计】/【数据】组中单击“编辑数据”按钮，打开“Microsoft PowerPoint 中的图表”窗口，修改单元格中的数据即可。
- **更改图表类型**：在【图表工具】/【设计】/【类型】组中单击“更改图表类型”按钮，在打开的“更改图表类型”对话框中进行选择，单击确定按钮即可。

（3）美化图表

选择图表，在【图表工具】/【设计】/【图表样式】组中单击“其他”按钮，打开样式列表，在其中选择需要的样式即可。此外，也可选择图表中的某个数据系列，选择【图表工具】/【格式】/【形状样式】组，在其中对单个数据列的样式进行设置。

（4）设置图表格式

图表主要由图表区、数据系列、图例、网格线和坐标轴等组成，可以通过【图表工具】/【布局】中的各组分别对其进行设置。

5. 插入并编辑形状

（1）绘制形状

在【插入】/【插图】组中单击“形状”按钮，在打开的下拉列表中选择形状样式。此时鼠标指针变成+形状，按住鼠标左键不放进行拖动，即可绘制所选择的形状。

（2）编辑形状

插入形状后，在【绘图工具】/【格式】组中可以对形状的大小和外观等进行编辑，还可为其应用不同的样式。

6. 插入并编辑 SmartArt 图形

（1）插入 SmartArt 图形

在【插入】/【插图】组中单击“SmartArt”按钮，打开“选择 SmartArt 图形”对话框。在对话框左侧选择 SmartArt 图形的类型，在对话框右侧的列表中选择所需的样式，然后单击确定按钮。返回幻灯片，即可查看插入的 SmartArt 图形，最后在 SmartArt 图形的形状中分别输入相应的文本并设置文本格式即可。

（2）编辑 SmartArt 图形

插入 SmartArt 图形后，在【SmartArt 工具】/【设计】选项卡中可以对 SmartArt 的样式进行设置。

7. 插入并编辑图片和剪贴画

（1）插入图片

选择需要插入图片的幻灯片，选择【插入】/【图像】组，单击“图片”按钮。在打开的“插入图片”对话框中选择需插入图片的保存位置，然后选择需要插入的图片，单击打开(O)按钮即可。

（2）插入剪贴画

选择需要插入图片的幻灯片，在【插入】/【图像】组中单击“剪贴画”按钮，打开“剪贴画”任务窗格。在打开的“剪贴画”任务窗格中单击“结果类型”右侧的下拉按钮，在打开的下拉列表中单击选中“插图”复选框。然后单击搜索按钮即可搜索剪贴画，在搜索结果中单击剪贴画即可将其插入幻灯片。

（3）编辑图片

选择图片后，单击【图片工具】/【格式】选项卡的“调整”组、“图片样式”组、“排列”组和“大小”组中的相应按钮可对图片样式进行设置。

（4）编辑剪贴画

编辑剪贴画和编辑图片的方法基本相同。选择剪贴画，在【图片工具】/【格式】中单击“调整”组、“图片样式”组、“排列”组和“大小”组中的相应按钮可调整剪贴画颜色，为剪贴画添加图片样式，设置剪贴画的排列顺序和调大小等。

（5）插入并编辑相册

在【插入】/【图像】组中单击“相册”按钮，在打开的下拉列表中选择“新建相册”选项。在打开的“相册”对话框中单击“相册内容”栏下的文件/磁盘(F)...按钮，打开“插入新图片”对话框，选择要插入的多张图片，单击插入(S)按钮。返回“相册”对话框，在“相册版式”栏下的“图片版式”下拉列表中可以设置每页幻灯片的版式，在“相框形状”下拉列表中选择相框样式。单击“相册版式”栏下“主题”文本框后的浏览(B)...按钮，在打开的对话框中可以为电子相册选择一个主题，单击选择按钮。返回“相册”对话框，单击创建(C)按钮。系统自动创建一个应用所选择主题的相册演示文稿。

8. 插入并编辑音频

（1）插入本地音频

选择幻灯片，在【插入】/【媒体】组中单击“音频”按钮下方的下拉按钮。在打开的下拉列表中选择“文件中的音频”选项，打开“插入音频”对话框，在其中选择需插入幻灯片中的音频文件，单击插入(S)按钮。即可将该音频文件插入幻灯片。

（2）插入剪贴画音频

选择幻灯片，在【插入】/【媒体】组中单击“音频”按钮下方的下拉按钮。在打开的下拉列表中选择“剪贴画音频”选项。在打开的“剪贴画”任务窗格下方的声音文件列表框中选择提供的音频，单击鼠标左键即可插入。

（3）插入录制音频

选择幻灯片，在【插入】/【媒体】组中单击“音频”按钮下方的下拉按钮。在打开的下拉列表中选择“录制音频”选项，打开“录音”对话框，单击●按钮开始录制，录制完成后单击■按钮停止录制。单击▶按钮播放录音，确认录制无误后单击确定即可将音频插入幻灯片。

（4）编辑音频文件

选择音频文件，在【音频工具】/【格式】组中可对音频文件的外观进行美化，选择【音频工具】/【播放】选项卡，在其中可对音频文件的播放、淡入淡出效果、开始方式、音量等进行设置。

9. 插入视频

选择幻灯片，在【插入】/【媒体】组中单击“视频”按钮，在打开的“插入视频文件”对话框中选择要插入的视频文件，单击插入(S)按钮即可。如果需要插入网页中的视频，就将视频的嵌入代码复制到“从网站插入视频”对话框中。完成视频文件的插入后，可以对视频文件进行美化和设置，其方法与音频文件的设置方法大致类似。

7.2.2 应用幻灯片主题

1. 应用幻灯片主题

在【设计】/【主题】组中单击“其他”按钮，在打开的下拉列表中选择一种主题选项即可。

2. 更改主题颜色方案

在【设计】/【主题】组中单击“颜色”按钮，在打开的下拉列表中选择一种主题颜色，即可将颜色方案应用于所有幻灯片。在打开的下拉列表中选择“新建主题颜色”选项，在打开的对话框中可对幻灯片主题颜色的搭配进行自定义设置。

3. 更改字体方案

PowerPoint 2010 为不同的主题样式提供了多种字体搭配设置。在【设计】/【主题】组中单击“字体”按钮，在打开的下拉列表中选择一种字体，即可更改当前演示文稿的字体方案。选择“新建主题字体”选项，打开“新建主题字体”对话框，在其中可以对标题和正文字体进行自定义设置。

4. 更改效果方案

在【设计】/【主题】组中单击“效果”按钮，在打开的下拉列表中选择一种效果，可以快速更改图表、SmartArt 图形、形状、图片、表格和艺术字等幻灯片对象的外观。

7.2.3 应用幻灯片母版

1. 认识幻灯片母版的类型

幻灯片母版的类型有如下 3 种。

- **幻灯片母版**：在【视图】/【母版视图】组中单击“幻灯片母版”按钮，即可进入幻灯片母版视图。
- **讲义母版**：在【视图】/【母版视图】组中单击“讲义母版”按钮，即可进入讲义母版视图。
- **备注母版**：在【视图】/【母版视图】组中单击“备注母版”按钮，即可进入备注母版视图。

2. 编辑幻灯片母版

编辑幻灯片母版与编辑幻灯片的方法非常类似，幻灯片母版中也可以添加图片、声音、文本等对象，但通常只添加通用对象，即只添加在大部分幻灯片中都需要使用的对象。完成母版样式的编辑后，单击“关闭母版视图”按钮即可退出母版。

STEP 1 设置标题和各级文本样式。在幻灯片母版中一般只须设置常用幻灯片版式的标题和各级文本样式，如标题幻灯片母版、标题和内容幻灯片版式等。

STEP 2 设置幻灯片页面。进入幻灯片母版视图，在【幻灯片母版】/【页面设置】组中单击“页面设置”按钮。打开“页面设置”对话框，在“幻灯片大小”下拉列表中选择相应的尺寸，然后调整其宽度和高度，单击确定按钮保存设置。

STEP 3 设置幻灯片背景。进入幻灯片母版编辑视图。在幻灯片母版视图左侧窗格中选择第 1 张幻灯片版式，然后在右侧编辑区单击鼠标右键，在弹出的快捷菜单中选择“设置背景格式”命令。或在【幻灯片母版】/【背景】组中单击“背景样式”按钮，在打开的下拉列表中选择“设置背景格式”选项，打开“设置背景格式”对话框，在其中进行设置即可。

STEP 4 添加页眉和页脚。进入幻灯片母版视图，在【插入】/【文本】组中单击“页眉和页脚”按钮。打开“页眉和页脚”对话框，在“幻灯片”选项卡中单击选中相应的复选框，显示日期、幻灯片编号和页脚等内容。再输入页脚内容或设置固定的页眉，单击选中“标题幻灯片不显示”复选框，可以使标题页幻灯片不显示页眉和页脚。设置后单击应用(A)按钮，便可在除标题幻灯片外的其他版式中添加相应内容的页眉和页脚。

7.3 PowerPoint 2010 幻灯片动画效果的设置

7.3.1 添加动画效果

在 PowerPoint 中可以为每张幻灯片中的不同对象添加动画效果，PowerPoint 动画效果的类型主要包括进入动画、强调动画、退出动画和路径动画 4 种。

- **进入动画**：反映文本或其他对象在幻灯片放映时进入放映界面的动画效果。
- **退出动画**：反映文本或其他对象在幻灯片放映时退出放映界面的动画效果。
- **强调动画**：反映文本或其他对象在幻灯片放映过程中需要强调的动画效果。
- **路径动画**：指定某个对象在幻灯片放映时过程中的运动轨迹。

7.3.2 设置动画效果

1. 设置动画播放参数

默认的动画效果总是按照添加的顺序逐一播放，并且默认的动画效果播放速度以及时间是统一的，根据需要可以更改这些动画效果的播放时间和播放速度。动画播放参数主要通过【动画】/【计时】组进行设置。

2. 调整动画播放顺序

调整动画播放顺序的方法有如下两种。

- 在幻灯片编辑区中单击要调整顺序的动画序号，然后在【动画】/【计时】组中单击“向前移动”按钮和“向后移动”按钮，可将所选动画的播放顺序向前移或向后移动一位。
- 在【动画】/【高级动画】组中单击“动画窗格”按钮，打开“动画窗格”任务窗格，选择需要调整顺序的动画。然后单击底部的或按钮调整动画播放顺序，或者直接选择动画，拖动鼠标调整其顺序，完成后单击播放按钮。

7.3.3 设置幻灯片切换动画效果

选择要设置切换动画效果的幻灯片，在【切换】/【切换到此幻灯片】组中单击“其他”按钮。在打开的列表中选择一种切换效果，此时在幻灯片编辑区中将显示切换动画效果。

7.3.4 添加动作按钮

选择要添加动作按钮的幻灯片，在【插入】/【插图】组中单击“形状”按钮。在打开的下拉列表中的“动作按钮”栏下选择要绘制的动作按钮，如单击“第一张”动作按钮，鼠标指针将变为+形状，将其移至幻灯片右下角，按住鼠标左键不放并向右下角拖动绘制一个动作按钮。此时将自动打开“动作设置”对话框，根据需要单击“单击鼠标”或“鼠标移过”选项卡，完成后单击确定按钮关闭对话框即可。

7.3.5 创建超链接

在幻灯片编辑区中选择要添加超链接的对象，然后在【插入】/【链接】组中单击“超链接”按钮。在打开的“插入超链接”对话框左侧的“链接到”列表中选择“本文档中的位置”选项，然后在“请选择文档中的位置”列表框中选择要链接到的幻灯片位置。在右侧“幻灯片预览”窗口中将显示所选幻灯片的缩略图，选择需要连接到的幻灯片，单击确定按钮，返回上一级对话框后再单击确定按钮应用设置。

7.4 PowerPoint 2010 幻灯片的放映与打印

7.4.1 放映设置

1. 设置放映方式

设置幻灯片的放映方式主要包括设置放映类型、放映幻灯片的数量、换片方式和是否循环放映演示文稿等。在【幻灯片放映】/【设置】组中单击“设置幻灯片放映”按钮，将打开“设置放映方式”对话框，在其中进行设置即可。

2. 自定义幻灯片放映

在【幻灯片放映】/【开始放映幻灯片】组中单击“自定义幻灯片放映”按钮，在打开的下拉列表中选择“自定义放映”选项，打开“自定义放映”对话框，单击新建(N)...按钮。在打开的“定义自定义放映”对话框的“幻灯片放映名称”文本框中输入本次放映名称，接着在“在演示文稿中的幻灯片”列表中按住“Shift”键不放选择要放映的幻灯片。然后单击添加(A) >>按钮，添加后单击右侧的或按钮，可以调整播放顺序，单击确定按钮，返回“自定义放映”对话框，最后单击放映(S)按钮即可。

3. 隐藏幻灯片

在“幻灯片”窗格中选择需要隐藏的幻灯片，在【幻灯片放映】/【设置】组中单击“隐藏幻灯片”按钮，再次单击该按钮便可将其重新显示，被隐藏的幻灯片上将出现标志。

4. 录制旁白

在【幻灯片放映】/【设置】组中单击“录制幻灯片演示”按钮，打开“录制幻灯片演示”对话框，在其中进行设置后单击开始录制(R)按钮，此时幻灯片开始放映并开始计时录音。只要安装了音频输入设备就可直接录制旁白。放映结束的同时将完成旁白的录制，并返回幻灯片浏览视图。每张幻灯片右下角会出现一个喇叭图标。

5. 设置排练计时

在【幻灯片放映】/【设置】组中单击“排练计时”按钮，进入放映排练状态，并在放映左上角打开“录制”工具栏。开始放映幻灯片，幻灯片在人工控制下不断进行切换，同时在“录制”工具栏中进行计时。完成后弹出提示框确认是否保留排练计时，单击是(Y)按钮完成排练计时操作。

7.4.2 放映幻灯片

1. 放映幻灯片

（1）开始放映

开始放映幻灯片的方法有如下 3 种。

- 在【幻灯片放映】/【开始放映幻灯片】组中单击“从头开始”按钮或按“F5”键，将从第 1 张幻灯片开始放映。
- 在【幻灯片放映】/【开始放映幻灯片】组中单击“从当前幻灯片开始”按钮或按“Shift+F5”组合键，将从当前选择的幻灯片开始放映。
- 单击状态栏上的“放映幻灯片”按钮，将从当前幻灯片开始放映。

（2）切换放映

切换放映幻灯片的方法有如下两种。

- **切换到上一张幻灯片**：按“Page Up”键、按“←”键或按“Backspace”键。
- **切换到下一张幻灯片**：单击鼠标左键、按空格键、按“Enter”键或按“→”键。

（3）结束放映

最后一张幻灯片放映结束后，系统会在屏幕的正上方显示提示信息：“放映结束，单击鼠标退出。”单击鼠标左键可结束放映。在放映过程中按“Esc”键可结束放映。

2. 添加标记

在演讲放映模式下放映幻灯片时单击鼠标右键，在弹出的快捷菜单中选择“指针选项”命令，在其子菜单中选择“笔”或“荧光笔”命令。此时鼠标指针将变成点状，按住鼠标左键，在需要着重标记的位置进行拖动，即可标记重点内容。已标记内容的演示文稿，在退出放映时将打开提示框，提醒用户是否保留墨迹，单击 保留(K) 按钮保留墨迹，单击 放弃(D) 按钮则不保留墨迹。

3. 快速定位幻灯片

单击鼠标右键，在弹出的快捷菜单中选择“定位至幻灯片”命令，在弹出的子菜单中选择切换至的目标幻灯片便可。

7.4.3 演示文稿打印设置

1. 页面设置

在【设计】/【页面设置】组中单击“页面设置”按钮，打开“页面设置”对话框。在“幻灯片大小”下拉列表框中选择打印纸张大小，在“幻灯片”栏中选择幻灯片及备注和讲义的打印方向，在“幻灯片编号起始值”数值框中输入打印的起始编号。完成后单击 确定 按钮即可。

2. 预览并打印幻灯片

选择【文件】/【打印】命令，在右侧的“打印预览”列表框中即可浏览打印效果。在中间列表框中可以对打印机、要打印的幻灯片编号、每页打印的张数和颜色模式等进行设置，完成后单击“打印”按钮，即可开始打印幻灯片。

Chapter

8

第8章 常用工具软件

8.1 计算机工具软件概述

计算机工具软件是人们在日常生活和办公中经常会使用的软件。计算机工具软件的种类十分丰富，并且持续不断地有新的工具软件被开发出来供人们使用。当需要对系统进行维护时，需要使用系统测试与系统维护软件；当需要维护系统安全时，需要使用计算机安全软件；当需要管理文件时，需要使用文件编辑与管理软件。计算机工具软件的类型非常多，不同的软件，其用途、界面、操作方法均不相同。

8.2 系统备份工具 Symantec Ghost

8.2.1 通过 MaxDOS 进入 Ghost

通过 MaxDOS 进入 Ghost 的步骤如下。

STEP 1 成功安装 MaxDOS8 后，重新启动计算机，将出现启动菜单，在其中按键盘中的方向键“↓”可以选择要启动的程序，然后按“Enter”键。

STEP 2 在打开的界面中默认选择第一个选项，然后按“Enter”键。

STEP 3 在打开的界面中输入安装该软件时，设置进入 MaxDOS 的密码，然后按“Enter”键。

STEP 4 打开“MaxDOS 8 主菜单”界面，其中显示了 7 个可供选择的选项。

STEP 5 按“Enter”键便可进入纯 DOS 状态，并显示相应的命令提示符。在命令提示符后面输入“ghost”命令，然后按“Enter”键。

STEP 6 此时将进入 Ghost 主界面，并打开相应的对话框，按“Enter”键即可。

8.2.2 备份操作系统

备份操作系统的步骤如下。

STEP 1 在 Ghost 主界面中通过键盘中的方向键“↑”“↓”“→”和“←”，选择【local】/【Partition】/【To Image】命令，然后按“Enter”键。

STEP 2 此时 Ghost 要求用户选择需备份的磁盘，直接按“Enter”键即可。

STEP 3 进入选择备份磁盘分区的界面，利用键盘上的方向键选择第一个选择项（即系统盘），按“Tab”键选择界面中的 OK 按钮，当其呈高亮状态显示时按“Enter”键。

STEP 4 打开“File name to copy image to”对话框，按“Tab”键切换到文件位置下拉列表框中。然后按“Enter”键，在弹出的下拉列表框中选择“D”选项。

STEP 5 按“Tab”键切换到文件名所在的文本框中，输入备份文件的名称。完成后按“Tab”键选择 Save 按钮，然后按“Enter”键执行保存操作。

STEP 6 打开一个提示对话框，询问是否压缩镜像文件，默认为不压缩，此时直接按“Enter”键即可。

STEP 7 打开提示框，询问是否继续创建分区映像，默认为不创建。此时，按“Tab”键选择 Yes 按钮，然后再按“Enter”键。

STEP 8 此时，Ghost 开始备份所选分区，并在打开的界面中显示备份进度。

STEP 9 完成备份后将打开提示对话框，按“Enter”键即可返回 Ghost 主界面。

8.2.3　还原操作系统

还原操作系统的步骤如下。

STEP 1 通过 MaxDOS 8 进入 DOS 操作系统，进入 Ghost 主界面，并在其中选择【local】/【Partition】/【From Image】命令，然后按“Enter”键。

STEP 2 打开“Image file name to restore from”对话框，选择之前已经备份好的镜像文件所在的位置，并在中间列表框中选择要恢复的映像文件，然后按“Enter”键确认。

STEP 3 在打开的对话框中将显示所选镜像文件的相关信息，按“Enter”键确认。

STEP 4 在打开的对话框中提示选择要恢复的硬盘，按“Enter”键进入下一步操作。

STEP 5 打开提示界面，提示选择要还原到的磁盘分区，选择对应的选项即可，然后按“Enter”键。

STEP 6 此时，将打开一个提示对话框，提示会覆盖所选分区，破坏现有数据。按“Tab”键选择对话框中的 Yes 按钮确认还原，然后按“Enter”键。

STEP 7 系统开始执行还原操作，并在打开的界面中显示还原进度。完成还原后，将会打开提示对话框，保持默认设置，按“Enter”键即可重启计算机。

8.3 数据恢复工具 FinalData

8.3.1　扫描文件

扫描文件的步骤如下。

STEP 1 启动 FinalData，选择【文件】/【打开】命令，打开“选择驱动器”对话框，选择需要恢复的数据所在的驱动器，单击 确定(O) 按钮。

STEP 2 FinalData 开始扫描磁盘文件并显示扫描进度。

STEP 3 扫描结束后，打开“选择要搜索的簇范围”对话框，在其中进行相应设置，单击 确定(O) 按钮。

STEP 4 打开“簇扫描”对话框，FinalData 即开始扫描硬盘文件。

8.3.2　恢复文件

恢复文件的步骤如下。

STEP 1 扫描结束后选择【文件】/【查找】命令，打开“查找”对话框。

STEP 2 选择查找方式，在“文件名”文本框中输入文件名，单击 查找 按钮，对文件进行查找。

STEP 3 查找完成后，将显示查找结果，在需要恢复的文件上单击鼠标右键。在弹出的快捷菜单中选择“恢复”命令，打开“选择要保存的文件夹”对话框，选择恢复文件的保存路径，完成保存操作。

8.3.3　文件恢复向导

文件恢复向导步骤如下。

STEP 1 在FinalData工作界面中选择需要恢复的Word文件，在FinalData工作界面中单击Office文件恢复按钮，在打开的下拉类表中选择“Micrisoft Word文件恢复”选项。

STEP 2 打开“损坏文件恢复向导”对话框，查看文件的信息，单击下一步(N) >按钮。在打开的对话框中单击检查率(R)按钮，检查损坏率，继续单击下一步(N) >按钮。

STEP 3 在打开的对话框中单击...按钮设置文本恢复后的保存路径，单击开始恢复(S)按钮恢复文件。

8.4 文件压缩备份工具WinRAR

8.4.1 快速压缩文件

选择要压缩的文件，单击鼠标右键，在弹出的快捷菜单中选择“添加到"第5章.rar"(T)”命令。WinRAR开始压缩文件，并显示压缩进度。完成压缩后将在当前目录下创建名为“第5章”的压缩文件。

8.4.2 分卷压缩文件

在“项目视频”文件上单击鼠标右键，在弹出的快捷菜单中选择“添加到压缩文件”命令，进入压缩参数设置界面，在“压缩分卷大小，字节”下拉列表中选择需要分卷的大小或输入自定义的分卷大小。单击确定按钮，开始压缩，分卷压缩完成后，“项目视频”文件被分解为若干个压缩文件，每个文件大小为自定义的分卷大小。

8.4.3 管理压缩文件

管理压缩文件步骤如下。

STEP 1 启动WinRAR，在打开的界面中单击“添加”按钮。打开“压缩文件名和参数”对话框，在“常规”选项卡的“压缩文件名”文本框中输入文件名称。

STEP 2 单击“文件”选项卡，在“要添加的文件”文本框右侧单击追加(P)...按钮。在打开的对话框中选择文件，单击确定按钮，返回“文件”选项卡，单击确定按钮即可将其添加到压缩包。

STEP 3 在WinRAR的文件浏览区中选择需删除的文件夹，在其上单击鼠标右键，在弹出的快捷菜单中选择“删除文件”命令。

STEP 4 在弹出的“删除文件夹”提示框中单击是(Y)按钮即可将该文件夹从压缩包中删除。

8.4.4 解压文件

1. 通过菜单命令解压文件

启动WinRAR，在操作界面的浏览区中选择压缩文件，然后选择【命令】/【解压到指定文件夹】命令。打开“解压路径和选项”对话框，单击“常规”选项卡，在“目标路径”下拉列表框中选择存放解压文件的位置，再选择文件更新方式和覆盖方式，这里保持默认设置，完成后单击确定按钮即可开始解压文件。

2. 通过右键快捷菜单解压文件

先打开压缩文件所在文件夹，在压缩文件上单击鼠标右键，在弹出的快捷菜单中选择“解压到当前文件夹”命令。完成解压后，即可在当前文件夹中查看生成的文件。

8.4.5 修复损坏的压缩文件

启动WinRAR，在文件浏览区中找到需要修复的压缩文件，然后单击工具栏中的“修复”按钮。在打开的“正在修复”对话框中指定保存修复后的压缩文件的路径和选择压缩文件类型，单击确定按钮开始修复文件。

8.5 网络下载工具迅雷

8.5.1 搜索并下载资源

搜索并下载资源步骤如下。

STEP 1 安装迅雷后，选择【开始】/【所有程序】/【迅雷软件】/【迅雷】/【启动迅雷】命令，进入迅雷主界面。

STEP 2 在搜索框中输入需搜索的内容，在“选择关联词”下拉列表中选择“迅雷下载”选项，然后单击全网搜按钮。

STEP 3 打开搜索结果窗口，在其中选择一个搜索选项。在打开的页面中将打开迅雷搜索结果面板，显示当前页面中可下载的链接，单击按钮。

STEP 4 打开“新建磁力链接”对话框，显示所下载的文件信息，单击按钮。在打开的“浏览文件夹”对话框中选择影片要保存的位置，设置完成后返回“新建磁力链接”对话框，单击立即下载按钮下载该影片。

8.5.2 通过右键菜单建立下载任务

在百度搜索引擎上搜索资源，打开该资源的下载页面。在资源上或链接地址上单击鼠标右键，在弹出的快捷菜单中选择“使用迅雷下载”命令，打开“新建任务”对话框，在其中设置文件保存位置，单击立即下载按钮。此时将打开迅雷下载页面，在中间列表中将显示文件的下载进度等信息。

8.5.3 管理下载任务

使用迅雷成功下载所需文件后，在迅雷主界面可对下载文件进行管理，相关操作如下。

- 文件下载完成后，迅雷主界面左侧列表中将显示已完成的下载任务。选择一个已下载的任务，单击按钮，可打开下载文件保存的文件夹，查看所下载文件。
- 选择一个已下载的任务，单击按钮，可打开所下载的文件。
- 选择一个已下载的任务，单击按钮，可将该任务移至垃圾箱。
- 选择一个已下载的任务，单击···按钮，在打开的下拉列表中可对文件进行排序、多选、彻底删除等操作。

8.5.4 配置参数

在迅雷主界面中单击···按钮，在打开的下拉列表中选择“设置小红心”选项。打开“设置中心”页面，在“基本设置”选项卡中可对启动方式、新建任务、任务管理、默认下载目录、默认下载模式等进行设置。在“高级设置”选项卡中，可对全局设置、任务设置、离线设置、外观、任务提示、下载代理等进行设置。

8.6 屏幕捕捉工具 Snagit

8.6.1 使用自定义捕捉模式截图

使用自定义捕捉模式截图步骤如下。

STEP 1 启动 Snagit，在 Snagit 操作界面右侧的“捕捉”栏中选择一种预设的捕捉方案，如“统一捕捉”选项。然后单击“捕捉”按钮或直接按“Print Screen”键即可进行捕捉。

STEP 2 此时出现一个黄色边框和一个十字形的黄色线条，其中黄色边框用来捕捉窗口，十字形黄色线条则用来选择区域。这里将黄色边框移至文件列表区。

STEP 3 确认捕捉图像后，单击鼠标左键，将自动打开“Snagit 编辑器”预览窗口，并在“绘图”选项卡中显示已捕捉的图像。单击“剪贴板”组中的“复制”按钮，即可将图像复制到 Word 文档中。

8.6.2 添加捕捉模式文件

添加捕捉模式文件步骤如下。

STEP 1 启动 Snagit，进入 Snagit 的操作界面。单击“方案”栏右侧的“使用向导创建方案”按钮。打开“选择捕捉模式”对话框，在其中选择“图像捕捉”选项，然后单击[下一步(N) >]按钮。

STEP 2 在打开的“选择输入”对话框中单击“范围”右侧的下拉按钮。在打开的下拉列表框中选择捕捉内容，然后单击[下一步(N) >]按钮。

STEP 3 打开“选择输出”对话框，单击对话框中的下拉按钮。在打开的下拉列表框中选择“剪贴板”选项，然后单击[下一步(N) >]按钮。

STEP 4 打开“选择选项”对话框，取消选择“开启预览窗口”选项，单击[下一步(N) >]按钮。打开“选择效果”对话框，在其中的“滤镜”下拉列表中选择效果选项。

STEP 5 打开“保存新方案”对话框，在“名称”文本框中输入名称，在“热键”下拉列表中选择快捷键，单击[完成]按钮。

STEP 6 设置完成后返回 Snagit 主界面，即可查看创建的捕捉方案。选择该方案，在“方案设置”栏中的“剪贴板”下拉列表中选择“属性”选项，打开“输出属性”对话框。在“文件格式”栏中单击选中“总是使用此文件格式”单选项，并在其下的列表框中选择“PNG”选项，然后单击[确定]按钮。

STEP 7 在 Snagit 操作界面中单击“保存”按钮，保存捕捉方案。

8.6.3 编辑捕捉的屏幕图片

捕捉图片后打开“Snagit 编辑器”预览窗口，单击“图像”选项卡，在“画布”组中可以调整图像和画布大小、更改画布颜色、旋转图像和修剪图像等。在其中单击所需按钮后，即可进行相应的操作。

8.7 邮件收发工具 Foxmail

8.7.1 创建并设置邮箱账号

创建并设置邮箱账号步骤如下。

STEP 1 安装 Foxmail 7.2.0 邮件客户端后，双击桌面上的快捷图标，启动该程序。此时软件会自动检测计算机中已有的邮箱数据，如果未创建任何邮箱，则会打开“新建账号”对话框。

STEP 2 在“E-mail 地址”文本框中输入要打开的电子邮箱账号，在“密码”文本框中输入密码，单击[创建]按钮创建账户。

STEP 3 单击[完成]按钮，即可使用 Foxmail 邮件客户端登录设置好的邮箱。单击主界面右上角的按钮，在打开的下拉列表中选择“账号管理”选项。

STEP 4 打开“系统设置”对话框，单击[新建]按钮，打开“新建账号”对话框。按照相同的方法进行设置，添加多个电子邮箱账号并依次显示在主界面的左侧，方便用户查看。

STEP 5 在窗口中选择要设置的账号，然后在右侧单击[设置]选项卡，在其中可以设置 E-mail 地址、密码、显示名称、发信名称等。

STEP 6 选择列表中的任一账号，单击[删除]按钮，打开“信息”提示框对话框，依次单击[是(Y)]按钮，即可删除该账号的所有信息。

8.7.2 接收和回复邮件

接收和回复邮件步骤如下。

STEP 1 在打开的 Foxmail 邮件客户端主界面左侧的邮箱列表框中选择要收取邮件的邮箱账号，然后选择账号下的“收件箱”选项。此时右侧列表框中将显示该邮箱中的所有邮件，其中●图标表示该邮件未阅读，●图标表示该邮件已阅读。单击某个邮件，在其右侧的列表框中将显示该邮件的内容。

STEP 2 在中间的邮件列表框中双击某个邮件，在打开的窗口中显示了该邮件的详细内容。

STEP 3 完成阅读后，单击工具栏中的回复按钮进行答复。在打开的窗口中，程序已经自动填写了“收件人”和“主题”，并在编辑窗口中显示原邮件的内容。根据需要输入回复内容后，单击工具栏中的发送按钮，即可完成回复邮件的操作。

STEP 4 如果要将接收到的电子邮件转发给其他人，可以单击工具栏上的转发按钮。在打开的窗口中填写收件人地址后，再单击工具栏中的发送按钮即可。

8.7.3 管理邮件

管理邮件步骤如下。

STEP 1 在 Foxmail 邮件客户端主界面的邮件列表框中选择需复制的邮件，然后单击鼠标右键，在弹出的快捷菜单中选择【移动到】/【复制到其他文件夹】命令。

STEP 2 打开“选择文件夹”对话框，在“请选择一个文件夹”列表框中选择目标文件夹，单击确定(O)按钮，即可将该邮件复制到所选文件夹中。

STEP 3 在邮件列表框中选择需移动的邮件，按住鼠标左键不放并拖动鼠标，当鼠标指针变成形状时，将其移至目标邮件夹后再释放鼠标。

STEP 4 移动完成后，原来的邮件会自动消失。

STEP 5 在邮件列表框中选择要删除的邮件，然后按键盘上的“Delete”键或在该邮件上单击鼠标右键，在弹出的快捷菜单中选择“删除”命令。

STEP 6 用鼠标右键单击“已删除邮件”文件夹，在弹出的快捷菜单中选择“清空‘已删除邮件’”命令，即可将邮件彻底删除。

8.7.4 使用地址簿发送邮件

使用地址簿发送邮件步骤如下。

STEP 1 在 Foxmail 邮件客户端主界面左侧邮箱列表框底部单击“地址簿”按钮，打开“地址簿”界面，在左侧邮箱列表框中选择“本地文件夹”选项，单击界面左上角的新建联系人按钮。

STEP 2 打开“联系人”对话框，其中包括“姓”“名”“邮箱”“电话”“备注”5 项，单击保存按钮。如果需要填写更多的联系人信息，可以单击“编辑更多资料”超链接，打开对话框并在剩余的选项卡中输入。

STEP 3 单击新建联系人按钮右侧的新建组按钮，打开“联系人”对话框，在“组名”文本框中输入设置的名称，然后单击添加成员按钮。

STEP 4 打开“选择地址”对话框，在“地址簿”列表中显示了“本地文件夹”的所有联系人信息。选择需添加到某个组中的联系人，单击→按钮或在联系人上双击鼠标。此时，右侧的“参与人列表”列表框中就会自动显示添加的联系人，单击确定按钮确认。若要移除已添加的成员，只须在“参与人列表”列表框中选择需移除的联系人，在单击对话框中间的←按钮即可。

STEP 5 返回“联系人”对话框，在“成员”列表框中将显示所添加的联系人，最后单击保存按钮完成组的创建操作。

STEP 6 成功创建联系人组后，选择“同事”组，单击写邮件按钮，打开“写邮件”窗口。程序将自动添加收件人地址，编辑内容后单击发送按钮，即可群发邮件。

Chapter 9

第9章 信息安全与职业道德

9.1 信息安全概述

9.1.1 信息安全的影响因素

影响信息安全的因素很多，主要有如下 5 种。

- **硬件及物理因素**：指系统硬件及环境的安全性，如机房设施、计算机主体、存储系统、辅助设备、数据通讯设施以及信息存储介质的安全性等。
- **软件因素**：指系统软件及环境的安全性，软件的非法删改、复制与窃取都可能造成系统损失、泄密等情况，如计算机网络病毒即是以软件为手段侵入系统造成破坏。
- **人为因素**：指人为操作、管理的安全性，包括工作人员的素质、责任心，严密的行政管理制度、法律法规等。防范人为因素方面的安全，即防范人为主动因素直接对系统安全所造成的威胁。
- **数据因素**：指数据信息在存储和传递过程中的安全性。数据因素是计算机犯罪的核心途径，也是信息安全的重点。
- **其他因素**：信息和数据传输通道在传输过程中产生的电磁波辐射，可能被检测或接收，造成信息泄漏，同时空间电磁波也可能对系统产生电磁干扰，影响系统的正常运行。此外，一些不可抗力的自然因素，也可能对系统的安全造成威胁。

9.1.2 信息安全策略

信息安全策略是指为保证提供一定级别的安全保护所必须遵守的规则，而要保证信息安全，则须不断对先进的技术、法律约束、严格的管理、安全教育等方面进行完善。

- **先进的技术**：先进的信息安全技术是网络安全的根本保证。用户对自身所面临威胁的风险性进行评估，然后对所需要的安全服务种类进行确定，并通过相应的安全机制，集成先进的安全技术，形成全方位的安全系统。
- **法律约束**：法律法规是信息安全的基石。计算机网络作为一种新生事物，在很多行为上可能会出现无法可依、无章可循的情况，从而无法对网络犯罪进行合理地管制。因此，必须建立与网络安全相关的法律法规，对网络犯罪行为实施管束。
- **严格的管理**：信息安全管理是提高信息安全的有效手段。对于计算机网络使用机构、企业和单位而言，必须建立相应的网络安全管理办法和安全管理系统，加强对内部信息安全的管理，建立起合适的安全审计和跟踪体系，提高网络安全意识。
- **安全教育**：要建立网络安全管理系统，在提高技术、制定法律、加强管理的基础上，还应该开展安全教育，提高用户的安全意识，使他们对网络攻击与攻击检测、网络安全防范、安全漏洞与安全对策、信息安全保密、系统内部安全防范、病毒防范、数据备份与恢复等有一定的认识和了解，及时发现潜在问题，尽早解决安全隐患。

9.1.3 信息安全技术

1. 加密技术

密码技术是信息加密中十分常见且有效的一种保护手段，它促进了计算机科学的发展，特别是电脑与网络安全所使用的技术。认证、访问控制、电子证书等都可以通过密码技术实现。密码技术包括加密和解密两个部分的内容。加密即研究和编写密码系统，将数据信息通过某种方式转换为不可识别的密文；解密即对加密系统的加密途径进行研究，对数据信息进行恢复。加密系统中未加密的信息被称为明文，经过加密后即称为密文。在较为成熟的密码体系中，一般算法是公开的，但密钥是保密的。

密码技术通过对传输数据进行加密来保障数据的安全性，是一种主动的安全防御策略，是信息安全的核心技术，也是计算机系统安全的基本技术。一个密码系统采用的基本工作方式称为密码体制，在原理上进行区分，可将密码体制分为对称密钥密码体制和非对称密钥密码体制。

公开密钥密码体制又称非对称密码体制或双密钥密码体制，是现代密码学上重要的发明和进展。公开密钥密码体制的加密和解密操作分别使用两个不同的密钥，由加密密钥不能推导出解密密钥。公开密钥密码体制的特点主要体现在两个方面：其一是加密密钥和解密密钥不同，且难以互推；其二是公钥公开，私钥保密，虽然密钥量增大，但却很好地解决了密钥的分发和管理问题。

2. 认证技术

（1）数字签名

数字签名又称公钥数字签名或电子签章，是数字世界中的一种信息认证技术。数字签名可以根据某种协议来产生一个反映被签署文件的特征和签署人特征的数字串，从而保证文件的真实性和有效性，不仅是对信息发送者发送信息真实性的一个有效证明，也可核实接受者是否存在伪造和篡改行为。

（2）身份验证

身份验证是身份识别和身份认证的统称，指用户向系统提供身份证据，完成对用户身份确认的过程。身份验证的方法有很多种，有基于共享密钥的身份验证、基于生物学特征的身份验证和基于公开密钥加密算法的身份验证等形式。

3. 访问控制技术

访问控制技术是按用户身份和所归属的某项定义组来限制用户对某些信息项的访问权，或某些控制功能的使用权的一种技术。访问控制主要是对信息系统资源的访问范围和方式进行限制，通过对不同访问者的访问方式和访问权限进行控制，达到防止合法用户非法操作的目的，从而保障网络安全。

访问控制通常用于系统管理员控制用户对服务器、目录、文件等网络资源的访问，涉及的技术比较广，包括入网访问控制、网络权限控制、目录级安全控制、属性安全控制和服务器安全控制等多种手段。

4. 防火墙技术

防火墙是一种位于内部网络与外部网络之间的网络安全防护系统，有助于实施一个比较广泛的安全性政策。

防火墙系统的主要用途是控制对受保护网络的往返访问，是网络通信时的一种尺度，只允许符合特定规则的数据通过，最大限度地防止黑客的访问，阻止他们对网络进行非法操作。下面对防火墙的一些主要功能进行介绍。

（1）网络安全的屏障

防火墙是由一系列的软件和硬件设备组合而成的，是保护网络通信时执行的访问控制尺度，可以极大地提高一个内部网络的安全性，过滤不安全的服务。只有符合规则的应用协议才能通过防火墙，如禁止不安全的 NFS 协议进出受保护网络，防止攻击者利用脆弱的协议来攻击内部网络。同时，防火墙也可以防止未经允许的访问进入外部网络，它的屏障作用具有双向性，可进行内外网络之间的隔离，如地址数据包过滤、代理和地址转换。

（2）可以强化网络安全策略

通过以防火墙为中心的安全方案配置，可以将所有安全软件（如口令、加密、身份认证、审计等）配置在防火墙上，使得防火墙的集中安全管理更经济。

（3）对网络存取和访问进行监控审计

如果所有的访问都经过防火墙时，防火墙可以记录这些访问并做出日志记录，同时提供网络使用情况的统计数据，利于网络需求分析和威胁分析。

通过审计可以监控通信行为和完善安全策略，检查安全漏洞和错误配置，对入侵者起到一定的威慑作用。当出现可疑动作时，报警机制可以声音、邮件、电话、手机短信息等多种方式及时报告管理人员。防火墙的审计和报警机制在防火墙体系中十分重要，可以快速向管理员反映受攻击情况。

（4）防止内部信息泄露

通过防火墙对内部网络进行划分，可实现对内部网重点网段的隔离，限制局部重点或敏感网络安全问题对全局网络造成的影响。此外，隐私是内部网络中非常重要的问题。内部网络中一个任意的小细节都可能包含有关安全的线索，引起外部攻击者的攻击，甚至暴露内部网络的安全漏洞，而通过防火墙则可以隐蔽这些透漏内部细节的服务。

（5）远程管理

远程管理一般完成对防火墙的配置、管理和监控，其界面设计直接关系着防火墙的易用性和安全性。硬件防火墙一般还有串口配置模块和控制台控制界面。

（6）流量控制、统计分析和流量计费

流量控制可以分为基于 IP 地址的控制和基于用户的控制，前者是指对通过防火墙各个网络接口的流量进行控制，后者是指通过用户登录控制每个用户的流量。

9.2 计算机中的信息安全

9.2.1 计算机病毒及其防范

1. 计算机病毒的特点

计算机病毒的特点主要有如下 5 个。

- **传染性**：计算机病毒具有极强的传染性，病毒一旦侵入，就会不断地自我复制，占据磁盘空间，寻找适合其传染的介质，并向与该计算机联网的其他计算机传播，达到破坏数据的目的。
- **危害性**：计算机病毒的危害性是显而易见的。计算机一旦感染上病毒，将会影响系统的正常运行，造成运行速度减慢，存储数据被破坏，甚至系统瘫痪等。
- **隐蔽性**：计算机病毒具有很强的隐蔽性，它通常是一个没有文件名的程序。计算机被感染上病毒一般是无法事先知道的，因此只有定期对计算机进行病毒扫描和查杀才能最大限度减少病毒入侵。
- **潜伏性**：当计算机系统或数据被感染病毒后，有些病毒并不立即发作，而是等待达到引发病毒条件（如到达发作的时间等）时才开始破坏系统。
- **诱惑性**：计算机病毒会充分利用人们的好奇心理通过网络浏览或邮件等多种方式进行传播，所以一些看似免费或内容刺激的超链接不可贸然点击。

2. 计算机病毒的类型

计算机病毒的类型主要有如下 6 种。

- **文件型病毒**：文件型病毒通常指寄生在可执行文件（文件扩展名为 .exe、.com 等）中的病毒。当运行这些文件时，病毒程序也将被激活。
- **"蠕虫"病毒**：这类病毒通过计算机网络传播，不改变文件和资料信息，利用网络从一台计算机的内存传播到其他计算机的内存，一般除了内存不占用其他资源。
- **开机型病毒**：开机型病毒藏匿在硬盘的第一个扇区等位置。
- **复合型病毒**：复合型病毒兼具开机型病毒以及文件型病毒的特性，可以传染可执行文件，也可以传染磁盘的开机系统区，破坏程度也非常可怕。
- **宏病毒**：宏病毒主要是利用软件本身所提供的宏来设计病毒，所以凡是具有编写宏能力的软件都有宏病毒存在的可能，如 Word、Excel 等。
- **复制型病毒**：复制型病毒会以不同的病毒码传染到别的地方去。每一个中毒的文件所包含的病毒码都不一样。对于扫描固定病毒码的杀毒软件来说，这类病毒很难被清除。

3. 计算机感染病毒的表现

计算机感染病毒的表现主要有如下 9 点。

- 计算机系统引导速度或运行速度减慢，经常无故发生死机。
- Windows 操作系统无故频繁出现错误，计算机屏幕上出现异常显示。
- Windows 系统异常，无故重新启动。
- 计算机存储的容量异常减少，执行命令出现错误。
- 在一些非要求输入密码的时候，要求用户输入密码。
- 不应驻留内存的程序一直驻留在内存。
- 磁盘卷标发生变化，或者不能识别硬盘。
- 文件丢失或文件损坏，文件的长度发生变化。
- 文件的日期、时间、属性等发生变化，文件无法正确读取、复制或打开。

4. 计算机病毒的防治防范

计算机病毒的防治防范方法主要有如下 3 种。

- **切断病毒的传播途径**：最好不要使用和打开来历不明的光盘和可移动存储设备，使用前最好先进行查毒操作以确认这些介质中无病毒。
- **良好的使用习惯**：网络是计算机病毒最主要的传播途径，因此用户在上网时不要随意浏览不良网站，不要打开来历不明的电子邮件，不下载和安装未经过安全认证的软件。
- **提高安全意识**：在使用计算机的过程中，应该有较强的安全防护意识，如及时更新操作系统、备份硬盘的主引导区和分区表、定时体检计算机、定时扫描计算机中的文件并清除威胁等。

5. 杀毒软件

杀毒软件是一种反病毒软件，主要用于对计算机中的病毒进行扫描和杀除。杀毒软件通常集成了监控识别、病毒扫描清除和自动升级等多项功能，可以防止病毒和木马入侵计算机、查杀病毒和木马、清理计算机垃圾和冗余注册表、防止进入钓鱼网站等。

9.2.2 网络黑客及其防范

黑客伴随着计算机和网络的发展而成长，一般都精通各种编程语言和各类操作系统，拥有熟练的计算机技术。事实上根据黑客的行为，行业内也对黑客的类型进行了细致的划分。在未经许可的情况下，载入对方系统的一般被称为黑帽黑客。黑帽黑客对计算机安全或账户安全都具有很大的威胁性。而调试和分析计算机安全系统的则被称为白帽黑客。白帽黑客有能力破坏计算机安全但没有恶意目的，他们一般有明确的道德规范，其行为也以发现和改善计算机安全弱点为主。

1．网络黑客的攻击方式

（1）获取口令

获取口令主要包括 3 种方式：通过网络监听非法得到用户口令、知道用户的账号后利用一些专门软件强行破解用户口令、获得一个服务器上的用户口令文件后使用暴力破解程序破解用户口令。

（2）放置特洛伊木马

特洛伊木马程序常被伪装成工具程序、游戏等，或从网上直接下载，通常表现为在计算机系统中隐藏的可以跟随 Windows 启动而悄悄执行的程序。当用户连接到 Internet 时，该程序会马上通知黑客，报告用户的 IP 地址以及预先设定的端口，黑客利用潜伏在其中的程序，可以任意修改用户的计算机参数设定、复制文件、窥视硬盘内容等，达到控制计算机的目的。

（3）WWW 的欺骗技术

用户在日常工作和生活中进行网络活动时，通常会浏览很多网页。而在这众多网页中，暗藏着一些已经被黑客篡改过的网页，这些网页上的信息是虚假的，且布满陷阱。如黑客将用户要浏览的网页 URL 改写为指向自己的服务器，当用户浏览目标网页时，就会向黑客服务器发出请求，达成黑客的非法目的。

（4）电子邮件攻击

电子邮件攻击主要表现为电子邮件轰炸、电子邮件诈骗两种形式。

（5）通过一个结点攻击其他结点

黑客在使用网络监听的方法攻破同一网络内的主机后，即可攻击其他主机，也可通过 IP 欺骗和主机信任关系，攻击其他主机。

（6）网络监听

网络监听是主机的一种工作模式，如果两台主机进行通信的信息没有加密，此时只要使用某些网络监听工具，就可以轻而易举地截取包括口令和账号在内的信息资料。

（7）寻找系统漏洞

许多系统都存在一定程度的安全漏洞（Bugs），有些漏洞是操作系统或应用软件本身具有的，这些漏洞在补丁未被开发出来之前一般很难防御黑客的入侵。有些漏洞是由于系统管理员配置错误引起的。

（8）利用账号进行攻击

有的黑客会利用操作系统提供的缺省账户和密码进行攻击，例如许多 UNIX 主机都有 FTP 和 Guest 等缺省账户，有的甚至没有口令。黑客利用 UNIX 操作系统提供的命令，如 Finger、Ruser 等收集信息，提高攻击能力。因此需要系统管理员提高警惕，将系统提供的缺省账户关闭或提醒无口令用户增加口令。

（9）偷取特权

偷取特权是指利用特洛伊木马程序、后门程序和黑客自己编写的导致缓冲区溢出的程序等进行攻击，前者可使黑客非法获得对用户计算机的控制权，后者可使黑客获得超级用户权限，从而拥有对整个网络的绝对控制权。这种攻击手段一旦奏效，危害性极大。

2．网络黑客的防范

网络黑客的防范的方法主要有如下 10 种。

- **数据加密**：数据加密是为了保护信息内系统的数据、文件、口令和控制信息等，提高网上传输数据的可靠性。如果黑客截获了网上传输的信息包，一般也无法获得正确信息。

- **身份认证**：身份认证是指通过密码或特征信息等确认用户身份的真实性，并给予通过确认的用户相应的访问权限。
- **建立完善的访问控制策略**：设置入网访问权限、网络共享资源的访问权限、目录安全等级控制、网络端口和节点安全控制、防火墙安全控制等，通过各种安全控制机制的相互配合，最大限度地保护系统。
- **审计**：审计是指对系统中和安全有关的事件进行记录，并保存在相应的日志文件中，如网络上用户的注册信息、用户访问的网络资源等。记录数据可以用于调查黑客的采源，并作为证据来追踪黑客，通过对这些数据进行分析还可以了解黑客攻击的手段，从而找出应对的策略。
- **关闭不必要的服务**：系统中安装的软件越多，所提供的服务就越多，而存在的系统漏洞就越多，因此对于不需要的服务，可以适当进行关闭。
- **安装补丁程序**：为了更好地完善系统，防御黑客利用漏洞进行攻击，可定时对系统漏洞进行检测，安装好相应的补丁程序。
- **关闭无用端口**：计算机要进行网络连接必须通过端口，黑客控制用户计算机也必须通过端口，如果是暂时无用的端口，可将其关闭，以减少黑客的攻击路径。
- **管理账号**：删除或限制 Guest 账号、测试账号、共享账号，也可以一定程度地减少黑客攻击计算机的路径。
- **及时备份重要数据**：黑客攻击计算机时，可能会对数据造成损坏和丢失，因此对于重要数据，需及时进行备份，避免损失。
- **良好的上网习惯**：不随便从 Internet 上下载软件、不运行来历不明的软件、不随便打开陌生邮件中的附件、使用反黑客软件检测、拦截和查找黑客攻击、经常检查用户的系统注册表和系统启动文件的运行情况等可以提高防止黑客攻击的能力。

9.3 职业道德与相关法规

9.3.1 使用计算机应遵守的职业道德

使用计算机应遵守的职业道德主要有如下 9 种。

- 不应用计算机伤害别人。
- 不应用计算机干扰别人工作。
- 不应窥探别人的计算机。
- 不应用计算机进行偷窃。
- 不应用计算机作伪证。
- 不应使用或复制未付钱的软件。
- 不应未经许可使用别人的计算机资源。
- 不应盗用别人的成果。
- 慎重使用自己的计算机技术，不做危害他人或社会的事，认真考虑所编写程序的社会影响和社会后果。

9.3.2 我国信息安全法律法规的相关规定

我国在涉及网络信息安全方面的条例和办法很多，如《计算机软件保护条例》《中国公用计算机互联网国际联网管理办法》《中华人民共和国计算机信息系统安全保护条例》等。

Chapter

10

第10章 计算机新技术及应用

10.1 云计算

10.1.1 云计算技术的特点

云计算模式如同单台发电模式向集中供电模式的转变，它将计算任务分布在由大量计算机构成的资源池上，使用户能够按需获取计算力、存储空间和信息服务。与传统的资源提供方向相比，云计算主要具有高可扩展性、按需服务、虚拟化、高可靠性和安全性和网络化的资源接入的特点。

10.1.2 云计算的应用

1. 物联网

物联网的定义为通过信息传感设备（射频识别（RFID）装置、红外感应器、全球定位系统、激光扫描器等），按照约定的协议，把任何物品与互联网连接起来，进行信息交换和通讯，以实现智能化识别、定位、跟踪、监控和管理的一种网络。在物联网应用中，主要涉及传感器技术、RFID标签和嵌入式系统技术3项关键技术。

物联网与云计算技术类似于应用与平台的关系，物联网系统需要大量的存储资源来保存数据，同时也需要计算资源来处理和分析数据。物联网的智能处理需要依靠先进的信息处理技术，如云计算、模式识别等，而云计算是实现物联网的核心，促进了物联网和互联网的智能融合。将云计算与物联网相结合，将给物联网带来深刻的变革。云计算可以解决物联网服务器节点的不可靠性，最大限度地降低服务器的出错率；可以以低成本的投入换来高收益；可以让物联网从局域网走向城域网甚至是广域网，对信息进行多区域定位、分析、存储和更新，在更大的范围内实现信息资源共享；可以增强物联网的数据处理能力等。

2. 云安全

云安全是云计算技术的重要分支，在反病毒领域获得了广泛应用。云安全技术可以通过网状的大量客户端对网络中软件的异常行为进行监测，获取互联网中木马和恶意程序的最新信息，自动分析和处理信息，并将解决方案发送到每一个客户端。

云安全融合了并行处理、网格计算、未知病毒行为判断等新兴技术和概念，理论上可以把病毒的传播范围控制在一定区域内，且整个云安全网络对病毒的上报和查杀速度非常快，在反病毒领域中意义重大，但所涉及的安全问题也非常广泛。从最终用户的角度而言，云安全技术在用户身份安全、共享业务安全和用户数据安全等问题需要格外关注。

3. 云存储

云存储是一种新兴的网络存储技术，可将储存资源放到云上供用户存取。云存储通过集群应用、网络技术或分布式文件系统等功能将网络中大量不同类型的存储设备集合起来协同工作，共同对外提供数据存储和业务访问功能。通过云存储，用户可以在任何时间、任何地方，以任何可连网的装置连接到云上存取数据。在使用云存储功能时，用户只需要为实际使用的存储容量付费，不用额外安装物理存储设备，减少了 IT 和托管成本。

4．云游戏

云游戏是一种以云计算技术为基础的在线游戏技术。云游戏模式中的所有游戏都在服务器端运行，并通过网络将渲染后的游戏画面压缩传送给用户。

10.2 大数据

10.2.1　数据的计量单位

在研究和应用大数据时经常会接触到数据存储的计量单位，而随着大数据的产生，数据的计量单位也逐步在发生变化，MB、GB 等常用单位已无法有效地描述大数据。典型的大数据一般会用到 PB、EB 和 ZB 这 3 种单位。

10.2.2　大数据处理的基本流程

大数据处理的数据源类型多种多样，在不同的场合通常需要使用不同的处理方法。在处理大数据的过程中，通常需要经过采集、导入、预处理、统计分析、数据挖掘和数据展现等步骤。在适合工具的辅助下，首先对广泛异构的数据源进行抽取和集成；然后按照一定的标准统一存储数据，并通过合适的数据分析技术对其进行分析；最后提取信息，选择合适的方式将结果展示给终端用户。

10.2.3　大数据的典型应用案例

大数据的典型应用案例有如下 3 个。

- **高能物理**：高能物理是一个与大数据联系十分紧密的学科，高能物理科学家往往需要从大量的数据中去发现一些小概率的粒子事件。
- **推荐系统**：推荐系统可以通过电子商务网站向用户提供商品信息和建议。
- **搜索引擎系统**：搜索引擎是非常常见的大数据系统。为了有效地完成互联网上数量巨大的信息的收集、分类和处理工作，搜索引擎系统大多基于集群架构。搜索引擎的发展历程为大数据研究积累了宝贵的经验。

10.3 3D 打印

3D 打印是一种快速成型技术，以数字模型文件为基础，运用特殊蜡材、粉末状金属或塑料等可粘合材料，通过逐层打印的方式来构造三维物体。

3D 打印需借助 3D 打印机来实现，在模具制造、工业设计等领域应用广泛。

10.4 VR、AR、MR 与 CR

10.4.1　VR

VR（Virtual Reality）即虚拟现实，是一种可以创建和体验虚拟世界的计算机仿真系统。虚拟现实技术可以使用计算机生成一种模拟环境，通过多源信息融合的交互式三维动态视景和实体行为的系统仿真，带给用户身临其境的体验。

虚拟现实技术主要包括模拟环境、感知、自然技能和传感设备等方面。虚拟现实技术将人类带入了三维信息视角。

10.4.2 AR

AR（Augmented Reality）即增强现实技术，是一种实时计算摄影机影像位置及角度，并赋予其相应图像、视频、3D 模型的技术。增强现实技术的目标是在屏幕上把虚拟世界套入现实世界，然后与之进行互动。VR 技术是百分之百的虚拟世界，而 AR 技术则是以现实世界的实体为主体，借助数字技术让用户可以探索现实世界并与之交互。虚拟现实看到的场景人物都是虚拟的，增强现实技术看到的场景人物半真半假。现实场景和虚拟场景的结合需借助摄像头进行拍摄，在拍摄画面的基础上结合虚拟画面进行展示和互动。

增强现实技术包含了多媒体、三维建模、实时视频显示及控制、多传感器融合、实时跟踪及注册、场景融合等多项新技术。增强现实技术与虚拟现实技术的应用领域类似。

10.4.3 MR

MR（Mediated Reality）即介导现实或混合现实。MR 技术可以看作 VR 技术和 AR 技术的集合。VR 技术是纯虚拟数字画面，AR 技术在虚拟数字画面上加上裸眼现实，MR 则是数字化现实加上虚拟数字画面，它结合了 VR 与 AR 的优势。利用 MR 技术，用户不仅可以看到真实世界，还可以看到虚拟物体，将虚拟物体置于真实世界中，让用户可以与虚拟物体进行互动。

10.4.4 CR

CR（Cinematic Reality）即影像现实，是 Google 投资的 Magic Leap 提出的概念，通过光波传导棱镜设计，多角度将画面直接投射于用户的视网膜，直接与视网膜交互，产生真实的影响和效果。CR 技术与 MR 技术的理念类似，都是物理世界与虚拟世界的集合，所完成的任务、应用的场景、提供的内容，都与 MR 相似。与 MR 技术的投射显示技术相比，CR 技术虽然投射方式不同，但本质上仍是 MR 技术的不同实现方式。

第二部分

习 题 集

Chapter

1 第1章 计算机与信息技术基础

一、单选题

1. (   ) 被誉为"现代电子计算机之父"。

   A. 查尔斯•巴贝　　B. 阿塔诺索夫

   C. 图灵　　D. 冯•诺依曼

2. 世界上第一台电子数字计算机 ENIAC 诞生于 (   ) 年。

   A. 1943　　B. 1946　　C. 1949　　D. 1950

3. 第一台电子数字计算机的加法运算速度为每秒 (   ) 次。

   A. 500 000　　B. 50 000

   C. 5 000　　D. 500

4. 下列选项中，不属于早期计算工具的是 (   )。

   A. 小石头　　B. 算盘

   C. 绳子　　D. 计算尺

5. 采用晶体管的计算机被称为 (   )。

   A. 第一代计算机　　B. 第二代计算机

   C. 第三代计算机　　D. 第四代计算机

6. 第三代计算机使用的元器件为 (   )。

   A. 晶体管　　B. 电子管

   C. 中小规模集成电路　　D. 大规模和超大规模集成电路

7. 世界上第一台电子数字计算机采用的主要逻辑部件是 (   )。

   A. 电子管　　B. 晶体管

   C. 继电器　　D. 光电管

8. 按计算机的用途分类，可以将电子计算机分为 (   )。

   A. 通用计算机和专用计算机

   B. 电子数字计算机和电子模拟计算机

   C. 巨型计算机、大中型计算机、小型计算机和微型计算机

   D. 科学与过程计算计算机、工业控制计算机和数据计算机

9. 按计算机的性能、规模和处理能力进行分类，可以将计算机分为 (   )。

   A. 通用计算机和专用计算机

   B. 巨型计算机、大型计算机、中型计算机、小型计算机和微型计算机

   C. 电子数字计算机和电子模拟计算机

   D. 科学与过程计算计算机、工业控制计算机和数据计算机

10. 个人计算机属于（　　）。
    A. 微型计算机　　B. 小型计算机
    C. 中型计算机　　D. 小巨型计算机
11. （　　）的运算速度可达到一太次以上，主要用于国家高科技领域与工程计算和尖端技术研究。
    A. 专用计算机　　B. 巨型计算机
    C. 微型计算机　　D. 小型计算机
12. 计算机辅助制造的简称是（　　）。
    A. CAD　　B. CAM　　C. CAE　　D. CBE
13. 我国自行生产的“天河二号”计算机属于（　　）。
    A. 微机　　B. 小型机　　C. 大型机　　D. 巨型机
14. 下列选项中，（　　）不属于计算机的应用领域。
    A. 企业管理　　B. 人工智能
    C. 计算机辅助　　D. 多媒体技术
15. 计算机中处理的数据在计算机内部是以（　　）的形式存储和运算的。
    A. 位　　B. 二进制　　C. 字节　　D. 兆
16. 下列 4 个计算机存储容量的换算公式中，错误的是（　　）。
    A. 1MB=1 024KB　　B. 1KB=1 024MB
    C. 1KB=1 024B　　D. 1GB=1 024MB
17. 在计算机中，存储的最小单位是（　　）。
    A. 位　　B. 二进制　　C. 字节　　D. KB
18. 下列不能用作数据单位的是（　　）。
    A. Bit　　B. Byte　　C. MIPS　　D. KB
19. 计算机中字节的英文名字为（　　）。
    A. Bit　　B. Bity　　C. Bait　　D. Byte
20. 计算机存储和处理数据的基本单位是（　　）。
    A. Bit　　B. Byte　　C. B　　D. KB
21. 1 字节表示（　　）位二进制数。
    A. 2　　B. 4　　C. 8　　D. 18
22. 计算机的字长通常不可能为（　　）位。
    A. 8　　B. 12　　C. 64　　D. 128
23. 将二进制整数 111110 转换成十进制数是（　　）。
    A. 62　　B. 60　　C. 58　　D. 56
24. 将十进制数 121 转换成二进制整数是（　　）。
    A. 1111001　　B. 1110010
    C. 1001111　　D. 1001110
25. 下列各进制的整数中，值最大的是（　　）。
    A. 十六进制数34　　B. 十进制数55
    C. 八进制数63　　D. 二进制数110010
26. 用 8 位二进制数能表示的最大的无符号整数等于十进制整数（　　）。
    A. 255　　B. 256　　C. 128　　D. 127

27. 将八进制数 16 转换为二进制整数是（　　）。
A. 111101　B. 111010　C. 001111　D. 001110

28. 将十六进制数 30 转换为二进制数是（　　）。
A. 011100　B. 110000　C. 100011　D. 000011

29. 将八进制数 332 转换成十进制数是（　　）。
A. 154　B. 256　C. 218　D. 127

30. 将十六进制数 32 转换成十进制数是（　　）。
A. 25　B. 50　C. 61　D. 64

31. 国际标准化组织指定为国际标准的是（　　）。
A. EBCDIC码　B. ASCII码　C. 国标码　D. BCD码

32. 一个字符的标准 ASCII 码码长是（　　）。
A. 7 Bits　B. 8 Bits　C. 16 Bits　D. 6 Bits

33. 在下列字符中，其 ASCII 码值最大的一个是（　　）。
A. 9　B. Z　C. D　D. X

34. 在标准 ASCII 码表中，已知英文字母 D 的 ASCII 码是 01000100，英文字母 C 的 ASCII 码是（　　）。
A. 01000001　B. 01000010
C. 01000011　D. 01100011

35. 定点数常用的编码方案有原码、反码、补码和（　　）4 种。
A. 符号　B. 正码　C. 代码　D. 移码

36. 下列选项中，不属于信息表现形式的是（　　）。
A. 数据　B. 文件　C. 图形　D. 声音

37. 著名数学家希尔伯特在（　　）一书中，提出了从公理化走向机械化的思想。
A. 《计算思维》　B. 《逻辑的数学分析》
C. 《几何基础》　D. 《论数字计算在决断难题中的应用》

38. 二进制的逻辑运算包括（　　）。
A. "真"与"假"　B. 加、减、乘、除
C. "是"与"非"　D. 与、或、非、异或

二、多选题

1. 计算机的发展趋势主要包括（　　）4 个方面。
A. 巨型化　B. 微型化　C. 网络化　D. 智能化

2. 计算机的结构经历了（　　）3 个发展阶段。
A. 以运算器为核心的结构　B. 以总线为核心的结构
C. 以存储器为核心的结构　D. 以内存为核心的结构

3. 下列属于多媒体技术应用领域的是（　　）。
A. 教育　B. 广告宣传　C. 信息监测　D. 视频会议

4. 计算机在现代教育中的主要应用有计算机辅助教学、计算机模拟、多媒体教室和（　　）。
A. 网上教学　B. 家庭娱乐　C. 电子试卷　D. 电子大学

5. 微型计算机中，运算器的主要功能是进行（　　）。
A. 逻辑运算　B. 算术运算　C. 代数运算　D. 函数运算

6. 以下属于第四代计算机的主要特点的是（　　）。
   A. 计算机走向微型化，性能大幅度提高
   B. 主要用于军事和国防领域
   C. 软件也越来越丰富，为网络化创造了条件
   D. 计算机逐渐走向人工智能化，并采用了多媒体技术
7. 下列属于汉字的编码方式的是（　　）。
   A. 输入码　　B. 识别码　　C. 国标码　　D. 机内码
8. 可以作为计算机数据单位的是（　　）。
   A. 字母　　B. 字节　　C. 位　　D. 兆
9. 下列与计算思维的发展有关的人物包括（　　）。
   A. 笛卡儿　　B. 莱布尼茨　　C. 戴克斯特拉　　D. 周以真

三．判断题

1. 人们常说的计算机一般是指通用计算机。（　　）
2. 微型计算机最早出现在第三代计算机中。（　　）
3. 冯・诺依曼原理是计算机的唯一工作原理。（　　）
4. 第四代电子计算机主要采用中、小规模集成电路的元器件。（　　）
5. 冯・诺依曼提出的计算机体系结构的设计理论是采用二进制和存储程序方式。（　　）
6. 第三代计算机的逻辑部件采用的是小规模集成电路。（　　）
7. 计算机应用包括科学计算、信息处理和自动控制等。（　　）
8. 在计算机内部，一切信息的存储、处理与传送都采用二进制来表示。（　　）
9. 一个字符的标准 ASCII 码占一个字节的存储量，其最高位二进制总为 0。（　　）
10. 大写英文字母的 ASCII 码值大于小写英文字母的 ASCII 码值。（　　）
11. 同一个英文字母的 ASCII 码和它在汉字系统下的全角内码是相同的。（　　）
12. 一个字符的 ASCII 码与它的内码是不同的。（　　）
13. 标准 ASCII 码表的每一个 ASCII 码都能在屏幕上显示成一个相应的字符。（　　）
14. 国际通用的 ASCII 码由大写字母、小写字母和数字组成。（　　）
15. 国际通用的 ASCII 码是 7 位码。（　　）
16. 多媒体技术的主要特点是数字化和集成性。（　　）
17. 通常计算机的存储容量越大，性能就越好。（　　）
18. 传输媒体主要包括键盘、显示器、鼠标、声卡及视频卡等。（　　）
19. 多媒体文件包括音频文件、视频文件和图像文件。（　　）
20. 余 3 码是一种根据位权规则编制的代码。（　　）
21. 多媒体计算机包括多媒体硬件和多媒体软件系统。（　　）
22. 多媒体不仅是指文本、图形、图像、音频、视频和动画这些媒体信息本身，还包含处理和应用这些媒体元素的一整套技术。（　　）
23. 传输媒体主要包括键盘、显示器、鼠标、声卡和视频卡等。（　　）
24. 多媒体技术可以处理文字、图像和声音，但不能处理动画和影像。（　　）
25. 1GB 等于 1 000MB，又等于 1 000 000KB。（　　）

Chapter

2

第2章 计算机系统的构成

一、单选题

1. 计算机中运算器的主要功能是（　　）。

   A. 控制计算机的运行　　B. 算术运算和逻辑运算
   C. 分析指令并执行　　D. 负责存取存储器中的数据

2. 计算机的 CPU 每执行一个（　　），表示完成一步基本运算或判断。

   A. 语句　　B. 指令　　C. 程序　　D. 软件

3. 磁盘驱动器属于计算机的（　　）设备。

   A. 输入　　B. 输出　　C. 输入和输出　　D. 存储器

4. 计算机的主机由（　　）组成。

   A. 计算机的主机箱　　B. 运算器和输入/输出设备
   C. 运算器和控制器　　D. CPU和内存储器

5. 下列关于 ROM 的说法，不正确的是（　　）。

   A. ROM不是内存而是外存
   B. ROM中的内容在断电后不会消失
   C. CPU不能向ROM随机写入数据
   D. ROM是只读存储器的英文缩写

6. 构成计算机物理实体的部件称为（　　）。

   A. 计算机软件　　B. 计算机程序
   C. 计算机硬件　　D. 计算机系统

7. 下列设备中属于输入设备的是（　　）。

   A. 显示器　　B. 扫描仪　　C. 打印机　　D. 绘图机

8. 计算机中对数据进行加工与处理的硬件为（　　）。

   A. 控制器　　B. 显示器　　C. 运算器　　D. 存储器

9. 微型计算机中，控制器的基本功能是（　　）。

   A. 控制系统各部件正确地执行程序　　B. 传输各种控制信号
   C. 产生各种控制信息　　D. 存储各种控制信息

10. 下列属于硬盘能够存储多少数据的一项重要指标的是（　　）。

    A. 总容量　　B. 读写速度　　C. 质量　　D. 体积

11. 下列选项中，不属于计算机硬件系统的是（　　）。

    A. 操作系统　　B. 硬盘
    C. I/O设备　　D. 中央处理器

12. 微型计算机的（　　）集成在微处理器芯片上。
A. CPU和RAM　　B. 控制器和RAM
C. 控制器和运算器　　D. 运算器和RAM
13. 下列不属于计算机的外部存储器的是（　　）。
A. 软盘　　B. 硬盘　　C. 内存条　　D. 光盘
14. USB 是一种（　　）。
A. 中央处理器　　B. 不间断电源
C. 通用串行总线接口　　D. 存储器
15. CPU 能直接访问的存储器是（　　）。
A. 硬盘　　B. U盘　　C. 光盘　　D. ROM
16. ROM 中的信息是（　　）。
A. 由程序临时存入的　　B. 在安装系统时写入的
C. 由用户随时写入的　　D. 由生产厂家预先写入的
17. 微机的主机指的是（　　）。
A. CPU、内存和硬盘等　　B. CPU和内存储器等
C. CPU、内存、主板和硬盘等　　D. CPU、内存、硬盘、显示器和键盘等
18. 英文缩写 ROM 的中文译名是（　　）。
A. U盘　　B. 只读存储器
C. 随机存取存储器　　D. 高速缓冲存储器
19. 内存一般采用半导体存储单元，包括随机存储器（RAM），（　　）和高速缓存（Cache）。
A. 可读存储器（ROM）　　B. 只读存储器（ROM）
C. 只读存储器（POM）　　D. 可读存储器（POM）
20. 微型计算机硬件系统中最核心的部件是（　　）。
A. 主板　　B. I/O设备　　C. 内存储器　　D. CPU
21. 计算机的硬件主要包括中央处理器（CPU）、存储器、输出设备和（　　）。
A. 输入设备　　B. 鼠标　　C. 光盘　　D. 键盘
22. 计算机系统是指（　　）。
A. 硬件系统和软件系统　　B. 运算器、存储器、外部设备
C. 主机、显示器、键盘、鼠标　　D. 主机和外部设备
23. 计算机中的存储器包括（　　）和外存储器。
A. 光盘　　B. 硬盘
C. 内存储器　　D. 半导体存储单元
24. 计算机软件总体分为系统软件和（　　）。
A. 非系统软件　　B. 重要软件
C. 应用软件　　D. 工具软件
25. 计算机系统中，（　　）是指运行的程序、数据及相应的文档的集合。
A. 主机　　B. 系统软件
C. 软件系统　　D. 应用软件
26. Office 2010 属于（　　）。
A. 系统软件　　B. 应用软件
C. 辅助设计软件　　D. 商业管理软件

27. 在 Windows 系统中，连续两次快速按下鼠标左键的操作是（　　）。

A．单击　B．双击　C．拖动　D．启动

28. 计算机键盘上的“Shift”键称为（　　）。

A．控制键　B．上档键　C．退格键　D．换行键

29. 计算机键盘上的“Esc”键的功能一般是（　　）。

A．确认　B．退出　C．控制　D．删除

30. 键盘上的（　　）键是控制键盘输入大小写切换的。

A．Shift　B．Ctrl　C．Num Lock　D．Caps Lock

31. 下列（　　）键用于删除光标后面的字符。

A．Delete　B．BackSpace　C．Insert　D．→

32. 下列（　　）键用于删除光标前面的字符。

A．Delete　B．BackSpace　C．Insert　D．→

33. 通常情况下，单击鼠标的（　　）将会打开一个快捷菜单。

A．左键　B．右键

C．中键　D．左、右键同时按下

34. 双击鼠标左键会（　　）。

A．选中对象　B．撤销选中

C．执行程序　D．弹出快捷菜单

35. 拖动时应按住鼠标的（　　）不放。

A．左键　B．右键

C．中键　D．左、右键同时按下

二、多选题

1. 微型计算机中的总线通常包括（　　）。

A．数据总线　B．信息总线　C．地址总线　D．控制线

2. 下列属于计算机组成部分的有（　　）。

A．运算器　B．控制器

C．总线　D．输入设备和输出设备

3. 常用的输出设备有（　　）。

A．显示器　B．扫描仪

C．打印机　D．键盘和鼠标

4. 输入设备是微型计算机中必不可少的组成部分，下列属于常见的输入设备的有（　　）。

A．鼠标　B．扫描仪　C．打印机　D．键盘

5. 个人计算机（PC）必备的外部设备有（　　）。

A．存储器　B．鼠标　C．键盘　D．显示器

6. 计算机中，运算器可以完成（　　）。

A．算术运算　B．代数运算

C．逻辑运算　D．四则运算

7. 计算机内存由（　　）构成。

A．随机存储器　B．主存储器

C．附加存储器　D．只读存储器

8. 下列选项中，属于计算机外部设备的有（　　）。

A. 输入设备　　B. 输出设备

C. 中央处理器和主存储器　　D. 外存储器

9. 根据计算机软件的用途和实现的功能分类，可将计算机软件分为（　　）。

A. 程序和数据　　B. 应用软件　　C. 操作系统　　D. 系统软件

10. 目前广泛使用的操作系统种类很多，主要包括（　　）。

A. DOS　　B. UNIX　　C. Windows　　D. Basic

11. 下列属于应用软件的有（　　）。

A. 办公软件类软件　　B. 图形处理与设计软件

C. 多媒体播放与处理软件　　D. 网页开发软件

12. 计算机的运行速度受（　　）影响。

A. CPU　　B. 显示器　　C. 键盘　　D. 内存

13. 键盘上划分的区域有（　　）。

A. 字母键区　　B. 数字键区　　C. 方向键区　　D. 功能键区

14. 系统软件可分为（　　）。

A. 操作系统　　B. 设备驱动程序　　C. 实用程序　　D. 编程语言

15. 鼠标的基本操作方法包括（　　）。

A. 单击　　B. 双击　　C. 右击　　D. 拖动

三、判断题

1. 计算机软件按其用途和实现的功能可分为系统软件和应用软件两大类。（　　）
2. 计算机系统包括硬件系统和软件系统。（　　）
3. 主机包括 CPU 和显示器。（　　）
4. CPU 的主频越高，则它的运算速度越慢。（　　）
5. CPU 的主要任务是取出指令、解释指令和执行指令。（　　）
6. CPU 主要由控制器、运算器和存储器组成。（　　）
7. 中央处理器和主存储器构成计算机的主体，称为主机。（　　）
8. 主机以外的大部分硬件设备称为外围设备或外部设备，简称外设。（　　）
9. 运算器是进行算术和逻辑运算的部件，通常被称为 CPU。（　　）
10. 输入和输出设备是用来存储程序及数据的装置。（　　）
11. 键盘和显示器都是计算机的 I/O 设备，键盘是输入设备，显示器是输出设备。（　　）
12. 通常说的内存是指 RAM。（　　）
13. 显示器属于输入设备。（　　）
14. 光盘属于外存储设备。（　　）
15. 扫描仪属于输出设备。（　　）
16. 数码相机属于输出设备。（　　）
17. 可以在计算机工作的情况下插上或拔掉电路设备。（　　）
18. 内部存储器也叫主存储器，简称内存。（　　）

Chapter 3

第3章 操作系统基础

一、单选题

1. Windows 是一种（　　）。

A．操作系统　　B．文字处理系统　　C．电子应用系统　　D．应用软件

2. Windows 7 桌面上，任务栏中最左侧的第一个按钮是（　　）。

A.“打开”按钮　　B.“程序”按钮

C.“开始”按钮　　D.“时间”按钮

3. 在 Windows 中，活动窗口和非活动窗口是根据（　　）的颜色变化来区分的。

A．标题栏　　B. 信息栏　　C. 菜单栏　　D．工具栏

4. 在 Windows 中，改变窗口的排列方式应执行的操作是（　　）。

A. 在“任务栏”空白处单击鼠标右键，在弹出的快捷菜单中选择要排列的方式

B. 在桌面空白处单击鼠标右键，在弹出的快捷菜单中选择要排列的方式

C. 在“计算机”窗口的空白处单击鼠标右键，在弹出的快捷菜单中选择【查看】/【排列方式】菜单命令中的子命令

D. 打开“计算机”窗口，选择【查看】/【排列方式】命令中的子命令

5. 在打开的窗口之间进行切换的组合键为（　　）。

A. Ctrl+Tab　　B. Alt+Tab

C. Alt+Esc　　D. Ctrl+Esc

6. 在 Windows 操作系统中，可以按（　　）组合键打开“开始”菜单。

A. Ctrl+Tab　　B. Alt+Tab

C. Alt+Esc　　D. Ctrl+Esc

7. 在 Windows 中，当一个应用程序窗口被最小化后，该应用程序（　　）。

A. 被转入后台执行　　B. 被暂停执行

C. 被终止执行　　D. 继续在前台执行

8. 在 Windows 7 中，关于移动窗口位置的方法正确的是（　　）。

A. 用鼠标拖动窗口的菜单栏　　B. 用鼠标拖动窗口的标题栏

C. 用鼠标拖动窗口的边框　　D. 用鼠标拖动窗口的空白处

9. 在 Windows 7 中，任务栏的作用是（　　）。

A. 显示系统的所有功能　　B. 只显示当前活动窗口名

C. 只显示正在后台工作的窗口名　　D. 实现窗口之间的切换

10. 中文 Windows 7 的“桌面”指的是（　　）。

A. 电脑屏幕　　B. 当前窗口　　C. 全部窗口　　D. 活动窗口

11. 下列选项中，不能关闭应用程序的方法是（　　）。

A. 单击“任务栏”上的“关闭窗口”按钮　　B. 利用键“Alt+F4”组合键

C. 双击窗口左上角的控制图标　　D. 选择【文件】/【退出】命令

12. 在 Windows 7 窗口的标题栏右侧的“最小化”“最大化”“还原”和“关闭”按钮中，不可能同时出现的两个按钮分别是（　　）。

A. “最大化”和“最小化”　　B. “最小化”和“还原”

C. “最大化”和“还原”　　D. “最小化”和“关闭”

13. 在 Windows 中，按住鼠标左键拖动（　　），可缩放窗口大小。

A．标题栏　　B．对话框　　C. 滚动框　　D．边框

14. 应用程序窗口被最小化后，要重新运行该应用程序可以（　　）。

A. 单击应用程序图标　　B. 双击应用程序图标

C. 拖动应用程序图标　　D. 指向应用程序图标

15. 复选框是指在所列的选项中（　　）。

A. 只能选一项　　B. 可以选多项

C. 必须选多项　　D. 必须选全部项

16. 在 Windows 7 中，改变“任务栏”位置的方法是（　　）。

A. 在“任务栏和「开始」菜单属性”对话框中进行设置

B. 在“任务栏”空白处按住鼠标左键不放并拖放

C. 在“任务栏”空白处按住鼠标右键不放并拖放

D. 在“任务栏”的任一个图标上按住鼠标左键并拖放

17. 在 Windows 7 中，排列桌面图标的首步操作为（　　）。

A. 用鼠标右键单击任务栏空白区　　B. 用鼠标右键单击桌面空白区

C. 用鼠标左键单击桌面空白区　　D. 用鼠标左键单击任务栏空白区

18. 下列操作中，不能将常用程序锁定到任务栏的是（　　）。

A. 在“开始”菜单中选择常用程序，拖动到任务栏

B. 在“开始”菜单的常用程序上单击鼠标右键，在弹出的快捷菜单中选择“锁定到任务栏”命令

C. 在桌面的常用程序快捷方式上单击鼠标右键，在弹出的快捷菜单中将其发送至任务栏

D. 用鼠标右键单击任务栏中的程序图标，在弹出的快捷菜单中选择“将此程序锁定到任务栏”命令

19. 在 Windows 7 操作系统中，将打开的窗口拖动到屏幕顶端，窗口会（　　）。

A. 关闭　　B. 消失　　C. 最大化　　D. 最小化

20. 如果删除了桌面上的一个快捷方式图标，则其对应的应用程序（　　）。

A. 一起被删除　　B. 只能打开不能编辑

C. 不能打开　　D. 无任何变化

21. 关于 Windows 7 操作系统窗口，下列描述正确的是（　　）。

A. 都有水平滚动条　　B. 都有垂直滚动条

C. 可能出现水平或垂直滚动条　　D. 都有水平和垂直滚动条

22. 当运行多个应用程序时，默认情况下屏幕上显示的是（　　）。

A. 第一个程序窗口　　B. 系统的当前窗口

C. 最后一个程序窗口　　D. 多个窗口的叠加

23. 在 Windows 7 中，下列说法正确的有（　　）。
   A. 利用鼠标拖动对话框的边框可以裁剪对话框
   B. 利用鼠标拖动窗口边框可以移动窗口
   C. 一个窗口最小化之后不能还原
   D. 一个窗口最大化之后不能再移动

24. 当窗口不能将所有的信息行显示在当前工作区内时，窗口中一定会出现（　　）。
   A. 滚动条　　B. 状态栏　　C. 提示窗口　　D. 信息窗口

25. 打开快捷菜单的操作为（　　）。
   A. 单击　　B. 右击　　C. 双击　　D. 三击

26. 不可能显示在任务栏上的内容为（　　）。
   A. 对话框窗口的图标　　B. 正在执行的应用程序窗口图标
   C. 已打开文挡窗口的图标　　D. 语言栏对应图标

27. 多用户使用一台计算机的情况经常出现，这时可设置（　　）。
   A. 共享用户　　B. 多个用户账户　　C. 局域网　　D. 使用时段

28. 在 Windows 7 操作系统中，显示桌面的组合键为（　　）。
   A. Win+D　　B. Win+P
   C. Win+Tab　　D. Alt+Tab

29. 在 Windows 7 默认情况下，用于中英文输入方式切换的组合键是（　　）。
   A. Alt+Tab　　B. Shift+空格
   C. Shift+Enter　　D. Ctrl+空格

30. 在 Windows 的“回收站”中，存放的是（　　）。
   A. 硬盘上被删除的文件或文件夹
   B. 移动硬盘上被删除的文件或文件夹
   C. 硬盘或移动硬盘上被删除的文件或文件夹
   D. 所有外存储器中被删除的文件或文件夹

31. 在 Windows“开始”菜单中的“文档”选项中存放的是（　　）。
   A. 最近建立的文档　　B. 最近打开过的文档
   C. 最近打开过的文件夹　　D. 最近运行过的程序

32. 在 Windows 7 中，选择多个连续的文件或文件夹，应首先选择第一个文件或文件夹，然后按（　　）键，单击最后一个文件或文件夹。
   A. Tab　　B. Alt　　C. Shift　　D. Ctrl

33. 在 Windows 7 中，选择多个不连续的文件或文件夹，应首先选择一个文件或文件夹，然后按（　　）键依次单击需要选择的文件或文件夹。
   A. Tab　　B. Esc　　C. Shift　　D. Ctrl

34. 在 Windows 7 中已经选择了若干个文件和文件夹，若需取消选择某个文件或文件夹，应按（　　）键单击该文件或文件夹。
   A. Esc　　B. Alt　　C. Shift　　D. Ctrl

35. 当选择文件或文件夹后，按“Shift+Delete”组合键可（　　）。
   A. 删除选择对象并放入回收站　　B. 不会删除选择对象
   C. 将选择对象不放入回收站而直接删除　　D. 为选择对象创建副本

36. 在 Windows 7 中，获得联机帮助的热键是（　　）。
A. F1　　B. F2　　C. F3　　D. F4

37. 利用 Windows 7 的“搜索”功能查找文件时，说法正确的是（　　）。
A. 要求被查找的文件必须是文本文件
B. 根据日期查找时，必须输入文件的最后修改日期
C. 根据文件名查找时，至少需要输入文件名的一部分或通配符
D. 被用户设置为隐藏的文件，只要符合查找条件，在任何情况下都将被找出来

38. 利用“控制面板”的“程序和功能”（　　）。
A. 可以删除 Windows 组件　　B. 可以删除 Windows 硬件驱动程序
C. 可以删除 Word 文档模板　　D. 可以删除程序的快捷方式

39. 双击某个文件夹图标，将（　　）。
A. 删除该文件夹　　B. 打开该文件夹
C. 删除该文件夹文件　　D. 复制该文件夹文件

40. 在 Windows 资源管理器中，选择【编辑】/【剪切】命令（　　）。
A. 只能剪切文件夹　　B. 只能剪切文件
C. 可以剪切文件或文件夹　　D. 不能剪切系统文件

41. 在 Windows 窗口中，创建新的子目录，应选择（　　）菜单栏中的“新建”下的“文件夹”命令。
A. 文件　　B. 编辑　　C. 工具　　D. 查看

42. 在 Windows 窗口中，按（　　）键可删除文件。
A. F7　　B. F8　　C. Backspace　　D. Delete

43. 在 Windows 窗口中，选择某一文件夹，选择【文件】/【删除】命令，则（　　）。
A. 只删除文件夹而不删除其包含的程序项　　B. 删除文件夹内的某一程序项
C. 删除文件夹内的所有程序项而不删除文件夹　　D. 删除文件夹及其所有程序项

44. 在搜索文件或文件夹时，若用户输入“*.*”，则将搜索（　　）。
A. 所有文件中含有*的文件　　B. 所有扩展名中含有*的文件
C. 所有文件　　D. 所有文字中含有*的文件

45. 在 Windows 的回收站中，可以恢复（　　）。
A. 从硬盘中删除的文件或文件夹　　B. 从移动硬盘中删除的文件或文件夹
C. 剪切的文档　　D. 从光盘中删除的文件或文件夹

46. 当打开一个子目录后，全部选中其中内容的组合键是（　　）。
A. Ctrl+C　　B. Ctrl+V
C. Ctrl+X　　D. Ctrl+A

47. 在 Windows 中，按（　　）键并拖动某一文件夹到另一文件夹中，可完成对该程序项的复制操作。
A. Alt　　B. Shfit　　C. 空格　　D. Ctrl

48. 下列选项中，不属于 Windows 7 系统中自带的库的是（　　）。
A. 视频　　B. 音乐　　C. 文件　　D. 图片

49. 在 Windows 窗口左侧窗格中单击某个磁盘，则（　　）。
A. 在左窗口中展开该磁盘内容
B. 在左窗口中显示其内容

C. 在右窗口中仅显示该磁盘中的文件夹

D. 在右窗口中显示该磁盘中的文件夹或文件

50. 文件路径包括相对路径和（　　）两种。

A. 绝对路径　B. 直接路径　C. 间接路径　D. 任意路径

二、多选题

1. 在 Windows 中，可以退出“写字板”的操作是（　　）。

A. 单击“写字板”窗口右上角的“最小化”按钮

B. 单击“写字板”窗口右上角的“关闭”按钮

C. 单击“写字板”窗口右上角的“最大化”按钮

D. 按“Alt+F4”组合键

2. 窗口的组成元素包括（　　）等。

A. 标题栏　B. 滚动条　C. 菜单栏　D. 窗口工作区

3. 在 Windows 7 中，对话框中不包含的元素有（　　）。

A. 菜单栏　B. 复选框　C. 选项卡　D. 工具栏

4. 在 Windows 7 中进行个性化设置包括（　　）。

A. 主题　B. 桌面背景　C. 窗口颜色　D. 声音

5. 桌面上的快捷方式图标可以代表（　　）。

A. 应用程序　B. 文件夹　C. 用户文档　D. 打印机

6. 在 Windows 7 中可以完成窗口切换的方法有（　　）。

A. “Alt+Tab”组合键　B. “Win+Tab”组合键

C. 单击要切换窗口的任何可见部位　D. 单击任务栏上要切换的应用程序按钮

7. 下列选项中，能进行输入法选择的是（　　）。

A. 先单击语言栏上表示语言的按钮，然后选择

B. 先单击语言栏上表示键盘的按钮，然后选择

C. 在“任务栏”属性对话框中设置

D. 按“Ctrl+Shift”组合键

8. 在 Windows 7 操作系统中，关于对话框的描述正确的是（　　）。

A. 对话框是一种特殊的窗口　B. 对话框中一般有选项卡

C. 按“Alt + F4”组合键可以关闭对话框　D. 对话框的大小不可以改变

9. 在 Windows 7 中，屏幕上可以同时打开多个窗口，它们的排列方式是（　　）。

A. 堆叠　B. 层叠

C. 平铺　D. 以上选项皆可

10. 在 Windows 7 中，用滚动条来实现快速滚动，可通过（　　）实现。

A. 单击滚动条上的箭头　B. 单击滚动条下的滚动箭头

C. 拖动滚动条上的滚动块　D. 单击滚动条上的滚动块

11. 在 Window 7 中，运行一个程序可以（　　）。

A. 选择【开始】/【所有程序】/【附件】/【运行】命令

B. 在资源管理器中打开其程序

C. 双击桌面上已创建的快捷方式图标

D. 双击程序图标

12. 下面对任务栏的描述，正确的有（ ）。
   A. 任务栏可以出现在屏幕的四周　　B. 利用任务栏可以切换窗口
   C. 任务栏可以隐藏图标　　D. 任务栏中的时钟不能删除
13. 要把C盘中的某个文件夹或文件移动到D盘中，可使用的方法有（ ）。
   A. 将其从C盘窗口直接拖动到D盘窗口
   B. 在C盘窗口中选择该文件或文件夹，按“Ctrl+X”组合键剪切，在D盘窗口中按“Ctrl+V”组合键粘贴
   C. 在C盘窗口按住“Shift”键将其拖动到D盘窗口中
   D. 在C盘窗口按住“Ctrl”键将其拖动到D盘窗口中
14. 下列选项中，可以实现全选文件夹的操作是（ ）。
   A. 按“Ctrl+A”合键
   B. 选择第一个文件夹，按住“Ctrl”键并单击最后一个文件夹
   C. 选择【编辑】/【全选】命令
   D. 单击选择所有需要选择的文件夹
15. 文件夹中可存放（ ）。
   A. 文件　　B. 程序　　C. 图片　　D. 文件夹
16. 在Windows窗口中，通过“查看”菜单可以实现的排序方式有（ ）。
   A. 按日期显示　　B. 按文件分级显示
   C. 按文件大小显示　　D. 按文件名称显示
17. 在Windows中，下列关于打印机的说法错误的是（ ）。
   A. 每一台安装在系统中的打印机都在Windows的“打印机”文件夹中有一个记录
   B. 任何一台计算机都只能安装一台打印机
   C. 一台计算机上可以安装多台打印机
   D. 每台计算机可以有多个默认打印机
18. 打开“控制面板”窗口的方法有（ ）。
   A. 选择【开始】/【控制面板】命令
   B. 双击文档
   C. 单击“计算机”窗口中的“控制面板”超链接
   D. 双击桌面的“控制面板”快捷图标
19. 下列选项中，可以隐藏的文件有（ ）。
   A. 程序文件　　B. 系统文件　　C. 可执行文件　　D. 图片
20. 安装应用程序的方法有（ ）。
   A. 双击程序文件
   B. 用鼠标右键单击程序文件，在打开的快捷菜单中选择“安装”命令
   C. 使用“运行”命令
   D. 在“控制面板”窗口中单击“程序和功能”超链接
21. 下列对文件和文件夹的操作结果的描述中，正确的是（ ）。
   A. 移动文件后，文件不会从原来的位置消失，同时在目标位置出现
   B. 复制并粘贴文件后，文件会从原来的位置消失，同时在目标位置出现
   C. 移动与复制只针对选择的多个文件或文件夹，没被选择的文件不会发生变化
   D. 系统默认情况下，删除硬盘上的文件或文件夹后，删除的内容被放入回收站中

22. 在英文输入状态下，下列不能作为文件名的是（　　）。

A. *　　B. @　　C. ?　　D. \

23. 下列关于文件类型的说法中，正确的是（　　）。

A. txt表示文本文件　　B. xls表示电子表格文件

C. wav表示声音文件　　D. swf表示动画文件

24. 选择多个文件后，可以进行操作的是（　　）。

A. 重命名　　B. 删除　　C. 移动　　D. 复制

三、判断题

1. Windows 7 操作系统允许同时运行多个应用程序。（　　）
2. 关闭 Windows 7 相当于关闭计算机。（　　）
3. 启动 Windows 7 后，首先显示桌面。（　　）
4. 显示于 Windows 7 桌面上的图标统称为系统图标。（　　）
5. 在 Windows 7 中，屏幕上显示的所有窗口中，只有一个窗口是活动窗口。（　　）
6. 在 Windows 7 中，单击非活动窗口的任意部分都可切换该窗口为活动窗口。（　　）
7. 最大化后的窗口不能进行窗口的位置移动和大小的调整操作。（　　）
8. 默认情况下，Windows 7 桌面由桌面图标、鼠标指针、任务栏和语言栏 4 部分组成。（　　）
9. 在 Windows 7 中，对话框的大小不可改变。（　　）
10. 快捷方式的图标可以更改。（　　）
11. 无法给文件夹创建快捷方式。（　　）
12. “写字板”是文字处理软件，不能进行图文处理 。（　　）
13. Windows 7 的任务栏可用于切换当前应用程序。（　　）
14. 只须用鼠标从桌面屏幕左上角向右下角拖动一次，桌面图标就会重新排列。（　　）
15. 关闭应用程序窗口意味着终止该应用程序的运行。（　　）
16. Windows 的窗口和对话框进行比较，窗口可以移动和改变大小，而对话框仅可以改变大小，不能移动。（　　）
17. “回收站”图标可以从桌面上删除。（　　）
18. 在不同状态下，鼠标光标的表现形式都一样。（　　）
19. 睡眠状态是一种省电状态。（　　）
20. 安装了操作系统后才能安装和使用各种应用程序。（　　）
21. 若要单击选中或撤销选中某个复选框，只须单击该复选框前的方框即可。（　　）
22. 删除“快捷方式”，其所指向的应用程序也会被删除。（　　）
23. 通知区域除了显示系统日期、音量、网络状态等信息外，还可以显示其他程序图标。（　　）
24. Windows 的桌面外观可以进行更改。（　　）
25. 文件名由主名和扩展名两部分组成，组名和扩展名之间用“.”隔开。（　　）
26. 文件名相同，文件类型不同，可以存在于同一目录中。（　　）
27. 在 Windows 系统中，可以在一个文件夹中再建一个与之同名的子文件夹。（　　）
28. 移动文件后，文件仍然保留在原来的文件夹中，在目标文件夹中也出现该文件。（　　）
29. 文件被删除并放入回收站后，仍然占用磁盘空间，必须“清空回收站”才能释放被占用的磁盘空间。（　　）
30. 重命名文件或文件夹时，可以用鼠标右键单击要改名的文件或文件夹，在弹出的快捷菜单中选择“重命名”命令，输入新的名字并按“Enter”键。（　　）

31. 移动文件可以通过“剪切”和“粘贴”的方法来完成。 ( )

32. 在 Windows 7 中，只能复制文件或文件夹，不能复制其所在路径。 ( )

33. 在回收站中的文件及文件夹不可删除，只能恢复。 ( )

34. 文件夹中可以包含程序、文档和文件夹。 ( )

35. 选择【开始】/【所有程序】/【附件】/【画图】命令，即可启动画图程序。 ( )

36. 在“搜索”文本框找到若干文件，并在“搜索结果”窗口可以对这些文件进行打开、重命名和删除等操作。 ( )

37. 配合使用“Shift”键删除的文件不可以恢复。 ( )

38. 只要不清空回收站，总可以恢复被删除的文件。 ( )

39. 剪贴板可以共享，其上信息不会改变。 ( )

40. 在 Windows 中查找文件时，可以使用通配符“?”代替文件名中的一部分。 ( )

41. 在 Windows 中，按下鼠标左键在不同驱动器不同文件夹内拖动某一对象，结果是复制该对象。 ( )

42. 文件夹中只能包含文件。 ( )

43. 在 Windows 中，如须彻底删除某文件或文件夹，可按“Shift+Delete”组合键。 ( )

44. Windows 中具有隐藏属性的文档的目录资料不会被显示出来。 ( )

45. 要设置和修改文件夹或文档的属性，可在该文件夹或文档的图标上单击鼠标右键，在弹出的快捷菜单中选择“属性”命令。 ( )

四、操作题

1. 将桌面图标分别按“名称”“大小”“类型”和“修改时间”进行排列，查看这几种排列方式表现的不同效果。

2. 通过“开始”菜单启动计算机中安装的 Word 2010 程序，然后在打开的 Word 程序窗口中进行最大化和最小化操作，最后还原窗口后关闭窗口。

3. 在“性能选项”对话框的“视觉效果”选项卡中对 Windows 7 的外观和性能进行调整。

4. 设置计算机的桌面背景，以拉伸方式显示在桌面。

5. 自定义桌面图标，将“控制面板”显示在桌面上。

6. 设置屏幕保护程序和 Windows 主题。其中屏幕保护程序为“变幻线”，等待时间为“15 分钟”，主题是“中国”。

7. 设置任务栏的显示风格，要求将任务栏保持在其他窗口的前端，显示快速启动，隐藏不活动的图标。

8. 在任务栏上设置工具栏，将地址“工具栏”和“我的文档”加入任务栏中。

9. 设置窗口的外观显示效果，要求活动窗口标题栏大小为“18”，标题栏中的字体为“华文楷体”、大小为“10”。

10. 把显示器的分辨率调整为 1 024×768，并在桌面的右上方显示“日历”小工具。

11. 在 D 盘中新建一个文件管理体系，分别创建“工作”“学习”“娱乐”“常用工具”等文件夹，将各种文件资料放入不同的文件夹中，并对某些文件或文件夹进行重命名，将不需要的文件删除。

12. 通过控制面板设置鼠标属性，利用鼠标拖动的方式将桌面上打开的窗口中的 M 文件夹删除，按住鼠标左键拖动“M”文件夹到回收站中。

Chapter

4

第4章 计算机网络与因特网

一、单选题

1. 第一代计算机网络又称为（　　）。

A. 面向终端的计算机网络　　B. 初始端计算机网络

C. 面向终端的互联网　　D. 初始端网络和互联网

2. 根据计算机网络覆盖的地域范围与规模，可以将其分为（　　）。

A. 局域网、城域网和广域网　　B. 局域网、城域网和互联网

C. 局域网、区域网和广域网　　D. 以太网、城域网和广域网

3. 在计算机网络的数据通信系统中，最常用的信号变换器是（　　）和光纤通信网中的光电转换器。

A. 连接器　　B. 调制解调器　　C. 路由器　　D. 集线器

4.（　　）是 Internet 最基本的协议。

A. X.25　　B. TCP/IP　　C. FTP　　D. UDP

5.（　　）是整个 TCP/IP 的核心。

A. 应用层　　B. 传输层

C. 网络接口层　　D. 网络互连层

6. TCP 工作在以下的哪个层（　　）。

A. 物理层　　B. 链路层　　C. 传输层　　D. 应用层

7. Internet 实现了世界各地各类网络的互联，其最基础和核心的协议是（　　）。

A. HTTP　　B. FTP　　C. HTML　　D. TCP/IP

8. 在 Internet 中，主机域名和主机 IP 地址之间的关系是（　　）。

A. 完全相同，毫无区别　　B. 一一对应

C. 一个IP地址对应多个域名　　D. 一个域名对应多个IP地址

9. a@b.cn 表示一个（　　）。

A. IP地址　　B. 电子邮箱　　C. 域名　　D. 网络协议

10. 第三代计算机的特征是全网中所有的计算机遵守（　　）。

A. 各自的协议　　B. 政府规定协议　　C. 同一种协议　　D. 不同协议

11. 以下不属于电子邮件地址的是（　　）。

A. ly@yahoo.com.cn　　B. ly@163.com.cn

C. ly@126.com.cn　　D. ly.baidu.com

12. http://www.peopledaily.com.cn/channel/main/welcome.htm 是一个典型的 URL，其中 http 表示（　　）。

A. 协议类型　　B. 主机域名　　C. 路径　　D. 文件名

13. (　　)是将文件从远程计算机复制到本地计算机上。

A. 下载　　B. 上传　　C. 保存　　D. 传送

14. 在浏览网页的过程中，当鼠标移动到已设置了超链接的区域时，鼠标指针形状一般变为(　　)。

A. 小手形状　　B. 双向箭头　　C. 禁止图案　　D. 下拉箭头

15. 下列四选项中表示域名的是(　　)。

A. www.cctv.com　　B. hk@zj.school.com

C. zjwww@china.com　　D. 202.96.68.1234"

16. 下列软件中可以查看 WWW 信息的是(　　)。

A. 游戏软件　　B. 财务软件

C. 杀毒软件　　D. 浏览器软件

17. 客户机 / 服务器网络方式是(　　)。

A. 一点对多点　　B. 点对点

C. 多点对一点　　D. 多点对多点

18. WWW 是(　　)。

A. 局域网的简称　　B. 城域网的简称

C. 广域网的简称　　D. 万维网的简称

19. 在计算机网络中，LAN 网指的是(　　)。

A. 局域网　　B. 广域网　　C. 城域网　　D. 以太网

20. (　　)可以适应大容量、突发性的通信需求，提供综合业务服务，具备开放的设备接口与规范的协议以及完善的通信服务与网络管理。

A. 资源子网　　B. 局域网　　C. 通信子网　　D. 广域网

21. Internet 采用的基础协议是(　　)。

A. HTML　　B. CSMA　　C. SMTP　　D. TCP/IP

22. IP 地址是由一组长度为(　　)的二进制数字组成。

A. 8位　　B. 16位　　C. 32位　　D. 20位

23. Internet 与 WWW 的关系是(　　)。

A. 均为互联网，只是名称不同

B. WWW只是在Internet上的一个应用功能

C. Internet与WWW没有关系

D. Internet就是WWW

24. www.swufe.edu.cn 这个域名中，子域名 edu 表示(　　)。

A. 国家名称　　B. 政府部门　　C. 主机名称　　D. 教育部门

25. 文件传输协议（FTP）和超文本传输协议（HTTP）属于(　　)。

A. 基于TCP协议的传输层协议　　B. 基于TCP协议的应用层协议

C. 基于TCP协议的网络接口层协议　　D. 基于TCP协议的网络互连层协议

26. E-mail 地址格式正确的表示是(　　)。

A. 主机地址@用户名　　B. 用户名，用户密码

C. 电子邮箱号，用户密码　　D. 用户名@主机域名

27. 超文本的含义是(　　)。

A. 该文本中包含有图形、图像　　B. 该文本中包含有二进制字符

C. 该文本中包含有与其他文本的链接 D. 该文本中包含有多媒体信息

28. WWW 浏览器是（ ）。

A. 一种操作系统 B. TCP/IP体系中的协议

C. 浏览WWW的客户端软件 D. 收发电子邮件的程序

29. WWW 中的信息资源是以（ ）为元素构成的。

A. 主页 B. Web页 C. 图像 D. 文件

30. 用户在使用电子邮件之前，需要向 ISP 申请一个（ ）。

A. 电话号码 B. IP地址

C. URL D. E-mail账户

31. 用户使用 WWW 浏览器访问 Internet 上任何 WWW 服务器，所看到的第一个页面称为（ ）。

A. 主页 B. Web页 C. 文件 D. 目录

32. 域名地址中的后缀 cn 的含义是（ ）。

A. 美国 B. 中国 C. 教育部门 D. 商业部门

33. HTTP 是（ ）。

A. 一种程序设计语言 B. 域名

C. 超文本传输协议 D. 网址

34. 常用的无线通信方法有（ ）、微波、蓝牙和红外线。

A. 紫外线 B. 无线电 C. 有线电 D. 磁波

35. 如果电子邮件带有“别针”图标，则表示该邮件（ ）。

A. 设有优先级 B. 带有标记 C. 带有附件 D. 可以转发

36. 撰写电子邮件的界面中，“抄送”功能是指（ ）。

A. 发信人地址 B. 邮件主题

C. 邮件正文 D. 将邮件同时发送给多个人

37. （ ）又称网络适配器，是以太网的必备设备。

A. 集线器 B. 网卡 C. 路由器 D. 交换机

38. Internet Explorer 浏览器中的“收藏夹”，其主要作用是收藏（ ）。

A. 图片 B. 邮件 C. 网址 D. 文档

39. 下列属于搜索引擎的（ ）。

A. 百度 B. 爱奇艺 C. 迅雷 D. 酷狗

40. WWW 是一种基于（ ）的、方便用户在因特网（Internet）上搜索和浏览信息的信息服务系统。

A. 超文本 B. IP地址 C. 域名 D. 协议

41. 在发送邮件时，选择（ ），则抄送的其他收件人不会知道该对象同时也收到了该邮件。

A. 密件抄送 B. 回复 C. 定时发送 D. 添加附件

42. Internet 的 IP 地址中的 E 类地址，每个字节的数字由（ ）的数字组成。

A. 0~155 B. 0~255 C. 115~255 D. 0~250

43. ADSL（非对称数字用户环路）可直接利用现有的电话线路，通过（ ）进行数字信息传输。

A. 交换机 B. 集线器

C. 路由器 D. ADSL Modem

二、多选题

1. 网络软件分为（　　）几个部分。
   A. 通信软件　　B. 网络协议软件
   C. 网络操作系统　　D. 信息服务软件
2. 下列选项中，Internet 能够提供的服务有（　　）。
   A. 文件传输　　B. 电子邮件
   C. 远程登录　　D. 网上冲浪
3. 一个 IP 地址由 3 个字段组成，它们是（　　）。
   A. 类别　　B. 网络号
   C. 主机号　　D. 域名
4. 下列选项中，（　　）是电子邮件地址中必须有的内容。
   A. 用户名　　B. 用户口令
   C. 电子邮箱的主机域名　　D. ISP的电子邮箱地址
5. 电子邮件与传统的邮件相比，其优点主要表现为（　　）。
   A. 方便　　B. 可以包含声音、图像等信息
   C. 价格低　　D. 传输量大
6. 关于域名 www.acm.org，说法正确的是（　　）。
   A. 是中国非营利组织的服务器　　B. 最高层域名是org
   C. 组织机构的缩写是acm　　D. 是美国非营利组织的服务器
7. 计算机网络根据覆盖的地理范围与规模可以分为（　　）等类型。
   A. 局域网　　B. 城域网
   C. 广域网　　D. 国际互联网

三、判断题

1. TCP/IP 是 Internet 上使用的协议。（　　）
2. WWW 是一种基于超文本方式的信息查询工具。（　　）
3. IP 地址是由一组 16 位的二进制数组成。（　　）
4. 域名的最高层均代表国家。（　　）
5. 带宽与传输速率都是模拟信号和数字信号，表示数据传输能力的参数。（　　）
6. Internet 使用的语言是 TCP/IP。（　　）
7. 广域网在地域上可以覆盖跨越国界、洲界，甚至全球范围。（　　）
8. 用户的电子邮箱地址就是 IP 地址。（　　）
9. Internet 域名系统对域名长度没有限制。（　　）
10. 可为一个主机的 IP 地址定义多个域名。（　　）
11. Internet 是一个提供专门网络服务的国际性组织。（　　）
12. 一个完整的 URL 地址由“协议名称”和“服务器名称”组成。（　　）
13. 常用的传输介质分为有线传输介质和无线传输介质两大类。（　　）
14. 必须通过浏览器才可以使用 Internet 提供的服务。（　　）
15. 电子邮件可以发送除文字之外的图形、声音、表格和传真。（　　）
16. 共享式以太网通常有单线型结构和星型结构两种结构。（　　）
17. 域名系统由若干子域名构成，子域名之间用小数点的圆点来分隔。（　　）

18. 一个完整的域名不超过 255 个字符，子域级数不予限制。 （ ）

19. 电子邮件的发送对象只能是不同操作系统下同类型网络结构的用户。 （ ）

20. 百度、搜狗、Google、Yahoo、搜狐、爱奇艺、迅雷、Altavista、Excite、Lycos、360 搜索等都是搜索引擎。 （ ）

四、操作题

1. 打开“百度”首页（www.baidu.com），输入并搜索“最新电影”的相关知识，保存网页。

2. 打开“新浪”首页（www.sina.com.cn），通过该页面打开“新浪新闻”页面，在其中浏览新闻，并将页面保存到指定的文件夹下。

3. 在百度网页中搜索“流媒体”的相关信息，然后将流媒体的信息复制到记事本中，保存到桌面。

4. 在百度网页中搜索“FlashFXP”的相关信息，然后将该软件下载到计算机的桌面上。

5. 使用 Outlook 给 hello@163.com（主送）、welcome@sina.com（抄送）发送一封电子邮件，邮件内容为“计算机一级考试的时间为 5 月 12 日”，然后插入一个附件“计算机考试 .doc”。

6. 将（yeyuwusheng@163.com）添加到联系人中，然后向该邮箱发送一封邮件，主题为“会议通知”，正文为“请于周三下午 14:00 准时到会议室参加季度总结会议”。

7. 将当前接收的“会议通知”邮件抄送给 yeyuwusheng@163.com。

8. 打开 IE 浏览器的收藏夹，将“游戏中心”重命名为“消灭星星”，并移动至“娱乐”文件夹。

Chapter

5

第5章 文档编辑软件Word 2010

一、单选题

1．在 Word 窗口中编辑文档时，单击文档窗口标题栏右侧的按钮后，会（　　）。

A．关闭窗口　　B．最小化窗口

C．使文档窗口独占屏幕　　D．使当前窗口缩小

2．文档窗口利用水平标尺设置段落缩进，则需要切换到（　　）视图。

A．页面　　B．Web版式　　C．阅读版式　　D．大纲

3．在 Word 编辑状态下，打开计算机的“日记 .docx”文档，若要把编辑后的文档以文件名“旅行日记 .htm”保存，可以执行“文件”菜单中的（　　）命令。

A．保存并发送　　B．另存为　　C．全部保存　　D．保存

4．快速访问工具栏中，按钮的功能是（　　）。

A．撤销上次操作　　B．恢复上次操作　　C．设置下划线　　D．插入链接

5．在 Word 中按（　　）组合键可将光标快速移至文档的开端。

A．Ctrl+Home　　B．Ctrl+Shift+End

C．Ctrl+End　　D．Ctrl+Shift+Home

6．在 Word 2010 中输入文字时，在（　　）模式下，输入新的文字时，后面原有的文字将会被覆盖。

A．插入　　B．改写　　C．更正　　D．输入

7．在 Word 2010 中按住（　　）键的同时拖动选择的内容到新位置可以快速完成复制操作。

A．Ctrl　　B．Alt　　C．Shift　　D．空格

8．在 Word 中不能实现选择整篇文档的操作是（　　）。

A．“Ctrl+A”组合键

B．在【开始】/【编辑】组单击“选择”按钮，在打开的下拉列表中选择“全选”选项

C．在文本左侧空白区域按住“Ctrl”键，然后单击

D．在文本中三击鼠标左键

9．Word 2010 文档文件的扩展名为（　　）。

A．.txt　　B．.docx　　C．.xlsx　　D．.doc

10．在 Word 窗口的编辑区，闪烁的一条竖线表示（　　）。

A．鼠标位置　　B．光标位置　　C．拼写错误　　D．文本位置

11．在 Word 操作过程中能够显示总页数、页号、页数等信息的是（　　）。

A．状态栏　　B．菜单栏　　C．快速访问工具栏　　D．标题栏

12. 将插入点定位于句子“风吹草低见牛羊”中的“草”与“低”之间，按“Delete”键，则该句子为（　　）。

A. 风吹草见牛羊　　B. 风吹见牛羊
C. 整句被删除　　D. 风吹低见牛羊

13. 如果要隐藏文档中的标尺，可以通过（　　）选项卡来实现。

A. 插入　　B. 编辑　　C. 视图　　D. 开始

14. 选择文本，在“字体”组中单击“字符边框”按钮A，可（　　）。

A. 为所选文本添加默认边框样式　　B. 为当前段落添加默认边框样式
C. 为所选文本所在的行添加边框样式　　D. 自定义所选文本的边框样式

15. 为文本添加项目符号后，“项目符号库”栏下的“更改列表级别”选项将呈可用状态，此时，（　　）。

A. 在其子菜单中可调整当前项目符号的级别
B. 在其子菜单中可更改当前项目符号的样式
C. 在其子菜单中可自定义当前项目符号的级别
D. 在其子菜单中可自定义当前项目符号的样式

16. Word 中的格式刷可用于复制文本或段落的格式，若要将选择的文本或段落格式重复应用多次，应（　　）。

A. 单击格式刷　　B. 双击格式刷
C. 右击格式刷　　D. 拖动格式刷

17. 在 Word 2010 中，输入的文字默认的对齐方式是（　　）。

A. 左对齐　　B. 右对齐　　C. 居中对齐　　D. 两端对齐

18. “左缩进”和“右缩进”调整的是（　　）。

A. 非首行　　B. 首行　　C. 整个段落　　D. 段前距离

19. 修改字符间距的位置是（　　）。

A. “段落”对话框中的“缩进与间距”选项卡　　B. 两端对齐
C. “字体”对话框中的“高级”选项卡　　D. 分散对齐

20. 给文字加上着重符号，可通过（　　）实现。

A. “字体”对话框　　B. “段落”对话框
C. “字符”对话框　　D. “符号”对话框

21. Word 中插入图片的默认版式为（　　）。

A. 嵌入型　　B. 紧密型　　C. 浮于文字上方　　D. 四周型

22. 为了防止他人随意查看 Word 文档信息，可为文档添加密码保护，一般可通过（　　）实现。

A. 选择【文件】/【信息】命令中的“保护文档”选项
B. 将文档设置为只读文件
C. 将文档设置为禁止编辑状态
D. 为文档添加数字签名

23. 在 Word 中若要删除表格中的某单元格所在行，则应选择“删除单元格”对话框中（　　）选项。

A. 右侧单元格左移　　B. 下方单元格上移　　C. 删除整行　　D. 删除整列

24. 下列关于在 Word 中拆分单元格的说法正确的是（　　）。

A. 拆分的单元格必须是合并后的单元格　　B. 只能把表格拆分为多列
C. 可以拆分成设置的行列数　　D. 只能把表格拆分为多行

25. Word 具有分栏的功能，下列关于分栏的说法中正确的是（　　）。

A. 最多可以设置3栏　　B. 各栏的栏宽度可以设置

C. 各栏的宽度是固定的　　D. 各栏之间的间距是固定的

26. 下面对 Word“首字下沉”的说法正确的是（　　）。

A. 可设置两个字符的下层　　B. 可以下沉三行字的位置

C. 最多只能下沉三行　　D. 可设置下层字符与正文的距离

27. 在 Word 中进行文字校对时，正确的操作是（　　）。

A. 选择【文件】/【选项】命令

B. 在【审阅】/【校对】组单击“信息检索”按钮

C. 在【审阅】/【校对】组单击“修订”按钮

D. 在【审阅】/【校对】组单击“拼写和语法”按钮

28. 下列关于样式的说法正确的是（　　）。

A. 用户可以使用样式，但必须先创建样式

B. 用户可以使用Word预设的样式，也可以自定义样式

C. Word没有预设的样式，用户只能先建立再去使用

D. 用户可以使用Word预设的样式，但不能自定义样式

29. 当用户输入错误的或系统不能识别的文字时，Word 会在文字下面以（　　）标注。

A. 红色直线　　B. 红色波浪线

C. 绿色直线　　D. 绿色波浪线

30. 在 Word 的编辑状态，为文档设置页码，可以使用（　　）。

A. 【引用】/【目录】组　　B. 【开始】/【样式】组

C. 【插入】/【页】组　　D. 【插入】/【页眉页脚】组

31. 在 Word 中预览文档打印后的效果，需要使用（　　）功能。

A. 打印预览　　B. 虚拟打印　　C. 提前打印　　D. 屏幕打印

32. 下列关于 Word 2010 页面布局的功能，说法错误的是（　　）。

A. 页面布局功能可以为文档设置首字下层

B. 页面布局功能可以设置文档分隔符

C. 页面布局功能可以设置稿纸效果

D. 页面布局功能可以为段落设置缩进与间距

33. 打印一个文件的第 7 页、第 12 页，页码范围设定正确的是（　　）。

A. 7-12　　B. 7/12　　C. 7,12　　D. 7~12

34. 对于 Word 2010 中表格的叙述，正确的是（　　）。

A. 表格中的数据可以进行公式计算　　B. 表格中的文本只能垂直居中

C. 表格中的数据不能排序　　D. 只能在表格的外框画粗线

35. 在 Word 中进行“段落设置”，如果设置“右缩进 2 厘米”，则其含义是（　　）。

A. 对应段落的首行右缩进2厘米

B. 对应段落除首行外，其余行都右缩进2厘米

C. 对应段落的所有行在右页边距2厘米处对齐

D. 对应段落的所有行都右缩进2厘米

36. 使图片按比例缩放的方法为（　　）。

A. 拖动中间的控制点　　B. 拖动四角的控制点

C. 拖动图片边框线　　D. 拖动边框线的控制点

37. 下列不属于 Word 2010 的文本效果的是（　　）。

A. 轮廓　　B. 阴影　　C. 发光　　D. 三维

38. 在 Word 2010 中使用标尺可以直接设置段落缩进，标尺顶部的三角形标记用于设置（　　）。

A. 首行缩进　　B. 悬挂缩进　　C. 左缩进　　D. 右缩进

39. 选择文本，按“Ctrl+B”组合键后，字体会（　　）。

A. 加粗　　B. 设置成上标　　C. 加下划线　　D. 倾斜

二、多选题

1. 下列操作中，可以打开 Word 文档的操作是（　　）。

A. 双击已有的Word文档

B. 选择【文件】/【打开】命令

C. 按“Ctrl+O”组合键

D. 选择【文件】/【最近所用的文件】命令

2. 在 Word 中能关闭文档的操作有（　　）。

A. 选择【文件】/【关闭】命令

B. 单击文档标题栏右侧的 × 按钮

C. 在标题栏上单击鼠标右键，在弹出的快捷菜单中选择“关闭”命令

D. 选择【文件】/【保存】命令

3. 在 Word 2010 中，文档可以保存为（　　）格式。

A. 网页　　B. 纯文本　　C. PDF文档　　D. RTF文档

4. 在 Word 2010 中的“查找与替换”对话框中查找内容包括（　　）。

A. 样式　　B. 字体　　C. 段落标记　　D. 图片

5. 在 Word 2010 中，可以将边框添加到（　　）。

A. 文字　　B. 段落　　C. 页面　　D. 表格

6. 在 Word 中选择多个图形，可（　　）。

A. 按“Ctrl”键，依次选择　　B. 按“Shift”键，再依次选择

C. 按“Alt”键，依次选择　　D. 按“Shift+Ctrl”组合键，依次选择

7. Word 2010 中可隐藏（　　）。

A. 功能区　　B. 导航窗格　　C. 网格线　　D. 标尺

8. 拆分 Word 文档窗口的方法正确的有（　　）。

A. 按“Ctrl+Alt+S”组合键

B. 按“Ctrl+Shift+S”组合键

C. 拖动垂直滚动条上方的“拆分”按钮

D. 在【视图】/【窗口】组单击“拆分”按钮

9. 插入手动分页符的方法有（　　）。

A. 在【页面布局】/【页面设置】组中单击“分隔符”按钮，在打开的下拉列表中选择“分页符”选项

B. 在【插入】/【页】组中单击“分页”按钮

C. “Ctrl+Enter”组合键

D. “Shift+Enter”组合键

10. 下列关于“项目符号”的说法正确的是（ ）。
   A. 可以使用“项目符号”按钮来添加　　B. 可以使用软键盘来添加
   C. 可以使用格式刷来添加　　D. 可以自定义项目符号样式
11. 下列关于 Word 样式的叙述，正确的是（ ）。
   A. 修改样式后将自动修改使用该样式的文本格式
   B. 样式可以简化操作，节省更多的时间
   C. 样式不能重复使用
   D. 样式是Word中最强有力的工具之一
12. 在设置打印文档时，用户可以选择的打印方式有（ ）。
   A. 打印整篇文档　　B. 打印当前页
   C. 打印指定的页　　D. 打印选择的内容
13. 下列关于 Word 排版的说法，正确的有（ ）。
   A. 在同一页面上可同时存在不同的分栏格式
   B. 通过使用样式，用户可以统一设置文本的字体、字号和段落对齐方式
   C. 用户可以自定义多个字符或段落样式
   D. 用户可以为新样式设置一个快捷键，使排版更方便
14. Word 2010 中可设置的视图方式有（ ）。
   A. 页面视图　　B. 阅读版式视图　　C. Web版式视图　　D. 草稿视图
15. 利用“带圈字符”命令可以给字符加上（ ）。
   A. 圆形　　B. 正方形　　C. 三角形　　D. 菱形

三、判断题

1. Word 可将正在编辑的文档另存为一个纯文本（TXT）文件。（ ）
2. Word 允许同时打开多个文档。（ ）
3. 第一次启动 Word 后系统将自动创建一个空白文档，并命名为“新文档 .docx”。（ ）
4. 使用“文件”菜单中的“打开”命令可以打开一个已存在的 Word 文档。（ ）
5. 保存已有文档时，程序不会做任何提示，直接将修改保存下来。（ ）
6. 默认情况下，Word 2010 是以可读写的方式打开文档的，为了保护文档不被修改，用户可以设置以只读方式或以副本方式打开文档。（ ）
7. 在 Word 中向前滚动一页，可通过按“PageDown”键来完成。（ ）
8. 按住“Ctrl”键的同时滚动鼠标滚轮可以调整显示比例，滚轮每滚动一格，显示比例增大或减小 100%。（ ）
9. 在 Word 2010 中，滚动条的作用是控制文档内容在页面中的位置。（ ）
10. Word 2010 的浮动工具栏只能设置字体的字形、字号和颜色。（ ）
11. 在 Word 2010 中，可以同时打开多个文档窗口，但其中只有一个是活动窗口。（ ）
12. 如果需要对文本进行格式化操作，则必须先选择被格式化的文本，然后再对其进行操作。（ ）
13. Word 2010 提供的撤销功能，只能撤销最近的上一步操作。（ ）
14. Word 2010 中进行高级查找和替换操作时，常使用的通配符有? 和 *，其中 * 表示一个任意字符，? 表示任意多个字符。（ ）
15. 在进行替换操作时，如果“替换为”文本框中未输入任何内容，则不会进行替换操作。（ ）

16. 对 Word 2010 中的字符进行水平缩放时，应在“字体”对话框的“高级”选项卡中选择缩放的比例，缩放比例大于 100% 时，字体就越趋于宽扁。 （ ）

17. Word 2010 中提供了横排和竖排两种类型的文本框。 （ ）

18. 通过改变文本框的文字方向不可以实现横排和竖排的转换。 （ ）

19. Word 中不能插入剪贴画。 （ ）

20. Word 中被剪掉的图片可以恢复。 （ ）

21. SmartArt 图形是信息和观点的视觉表示形式。 （ ）

22. 文本可以转换为表格内容，表格内容不能转换为文本内容。 （ ）

23. 在 Word 2010 中编辑文本时，编辑区显示的“网格线”不会打印在纸上。 （ ）

24. 将文档分左右两个版面的功能叫作分栏，将段落的第一字放大突出显示的是首字下沉功能。 （ ）

25. 在 Word 2010 中可以插入表格，而且可以对表格进行绘制、擦除、合并和拆分单元格、插入和删除行列等操作。 （ ）

26. 在 Word 2010 中，只要插入的表格选择了一种表格样式，就不能更改表格样式和进行表格的修改。 （ ）

27. 对当前文档的分栏最多可分为三栏。 （ ）

28. 页眉与页脚一经插入，就不能进行修改。 （ ）

29. 在 Word 2010 中，不但可以给文本套用各种样式，而且还可以更改样式。 （ ）

30. 在 Word 2010 中，不能创建“书法字帖”文档类型。 （ ）

31. 在 Word 2010 中，可以插入“页眉和页脚”，但不能插入“日期和时间”。 （ ）

32. 在 Word 2010 中，不但能插入封面和页码，而且可以制作文档目录。 （ ）

33. 当出现语法错误时，不进行改正而直接忽略，绿色的波浪线也会消失。 （ ）

34. 通过插入分栏符，用户可以对还未填满一页的文本进行强制性分页。 （ ）

35. 在编辑页眉、页脚时，可同时编辑正文。 （ ）

36. 在“打印”界面中，用户可以进行“中止或暂停打印”操作。 （ ）

37. 在 Word 2010 中，页面设置是针对整个文档进行设置的。 （ ）

38. 在 Word 2010 中，文档默认的模板名为 .Doc。 （ ）

39. 打印时，如果只打印第 2、第 6 和第 7 页，应设置“页面范围”为“2、6、7”。 （ ）

40. 打印预览时，打印机必须是已经开启的。 （ ）

四、操作题

1. 对“通知 .docx”文档进行编辑、格式化和保存，具体要求如下。

（1）双击“通知 .docx”文档将其打开，选择文档标题，在“段落”工具栏上单击“居中对齐”按钮，然后选择最后的署名和时间，单击“段落”工具栏上的“右对齐”按钮。

（2）选择考试时间、地点、内容和方式等内容，单击“段落”工具栏上的“项目符号”按钮，在打开的下拉列表框中选择项目符号样式。

（3）按空格键，使“考试内容”的 1、2、3 点对齐。

（4）选择公司署名所在的段落，单击“段落”工具栏右下角的“对话框启动器”按钮，打开“段落”对话框。在“段落”对话框中单击“缩进和间距”选项卡，在“间距”栏的“段前”数值框中输入“2 行”，单击 确定 按钮。

（5）选择【文件】/【另存为】命令，打开“另存为”对话框。在左侧文件夹窗格中选择文档的保存位置，在“文件名”文本框中输入“通知 1”，单击 确定 按钮，保存文档。

“通知 1.docx”文档内容效果如图 5.1 所示。

关于电脑知识及操作考试的通知

各门店：

为减少公司电脑设备因人为操作而产生故障，以致造成不必要的损失，促进员工电脑操作水平的提高，总经办网络管理员已在公司网站上发布相关培训资料两月有余。为考评员工对电脑理论及操作知识的掌握程度，拟开展电脑操作考试。

- 考试时间：2015 年 10 月 28 日（星期五）下午 16：00
- 考试地点：公司会议室
- 考试内容：1. 电脑理论及操作
  2. 电脑设备及硬件日常维护
  3. 电脑常见故障及排除方法
- 考试方式：笔试（40 分钟）和上机操作（60 分钟）

请各位店长和组长务必准时参加！

四川康健大药房连锁有限责任公司
2015 年 10 月 20 日

图 5.1 “通知 .docx”文档内容

2. 对“化妆品宣传 .docx”文档美化编辑，包括插入图形、图片与艺术字，设置字符格式，添加底纹效果，具体要求如下。

（1）打开“化妆品宣传 .docx”文档，选择标题，设置字体为“隶书”，为“Butter”添加下划线，设置“新品”颜色为紫色，分别为“新品”两个字符加圈。

（2）在【插入】/【文本】组单击“艺术字”按钮，在打开的下拉列表框中选择“艺术字样式 16”选项。输入第二行文本，设置字体格式为“隶书，36，加粗”，在【艺术字工具】/【格式】/【艺术字样式】组设置字体颜色为“橙色”。

（3）在【插入】/【插图】组中单击“图片”按钮，选择计算机中保存的图片，单击插入(S)按钮插入图片。

（4）选择图片，拖动四角的控制点调整图片大小，在【图片工具】/【格式】/【排列】组单击“自动换行”按钮，在打开的下拉列表中选择“四周型环绕”选项。将图片移动到右上角。

（5）选择图片，在【图片工具】/【格式】/【图片样式】组的列表框中选择“柔化边缘椭圆”选项。

（6）删除第二行文本，选择下一段文本，设置字体格式为“宋体，小四”，加粗“柔和保湿系列”文本。

（7）选择最后四段文本，设置字体为“楷体 _GB2312，小四”。单击“段落”工具栏上的“项目符号”按钮，在其下拉列表框中选择“自定义项目符号”选项，插入软件自带的图片项目符号样式。

（8）单击“段落”工具栏右下角的“对话框启动器”按钮，打开“段落”对话框。在“段落”对话框中单击“缩进和间距”选项卡，在“间距”栏的“段后”数值框中输入“6 磅”。

（9）按“Ctrl+Shfit”组合键，分别选择冒号及冒号前的文本，设置字体颜色为“紫色”，在【开始】/【段落】组单击“底纹”按钮A，为其添加底纹。美化后保存文档。

“化妆品宣传 .docx”文档内容效果如图 5.2 所示。

3. 打开“报到通知书 .docx”文档，为文档内容设置样式，其操作如下。

（1）将文本插入点定位到标题文本处或选择标题文本，选择【开始】/【样式】组。单击“快速样式”列表框右侧的下拉按钮，在打开的列表框中选择“标题”选项，为其应用标题样式。

（2）选择所有正文文本，在“快速样式”列表框中选择“列出段落”选项，为正文文本应用该样式。

（3）选择“注意事项”栏下的两段文本，然后为其应用“明显参考”样式。

“报到通知书 .docx”文档内容效果如图 5.3 所示。

扫一扫

第5章　操作题2

Butter 化妆品㊍㊎介绍

来自浪漫之都的关怀

针对亚洲市场，Butter 品牌现已推出以基础护肤为主的**柔和保湿系列**，共四种，均为法国原装进口产品。

- **去角质柔和洁面乳：**能够彻底清除陈旧角质和肌肤污垢。同时，使肌肤有凉爽的感觉，并起到镇定的作用。还能留下淡淡的花草芳香。
- **柔和保湿爽肤水：**含有双向调理因子，能够有效地平衡皮肤的酸碱度。另有更多的保湿分子，可以锁住水分，让您的肌肤不缺水，即使在干燥的天气里，也不会出现干涩的感觉。
- **柔和保湿精华霜/乳：**蕴含丰富的植物精华，能够有效地清除老化

图 5.2“化妆品宣传 .docx”文档内容

报到通知书

尊敬的刘兴权先生：

您应聘本集团会计一职，经复审，决定录用，请于 2015 年 10 月 15 日上午 9：00 到本集团人事部报到，届时请携带下列物品：

居民身份证、体检表、毕业证书、一寸照片 2 张.

注意事项：

按本集团的规定新进员工必须先试用 1 个月，试用期间月薪为 1200-1500 元。

报到后，本集团将在愉快的气氛中，为您做职前介绍，包括让您知道本集团人事制度、福利、服务守则及其他注意事项，使您在本集团工作愉快，如果您有疑虑或困难，请与本部联系。

祝：心情愉快！

人事部

2015 年 10 月 10 日

图 5.3“报到通知书 .docx”文档内容

扫一扫

第5章　操作题3

4. 在“推广方案 .docx”文档中插入艺术字、SmartArt 图形以及表格，并对艺术字、SmartArt 图形以及表格的样式和颜色等进行设置，其操作如下。

（1）打开“推广方案 .docx”文档，插入和编辑艺术字。

（2）添加、编辑和美化 SmartArt 图形。

（3）添加表格和输入表格内容。

（4）编辑和美化表格，完成后保存文档。

“推广方案 .docx”文档内容效果如图 5.4 所示。

5. 对“市场分析报告 .docx”文档进行设置并打印，其操作如下。

（1）打开“市场分析报告 .docx”文档，通过创建和修改样式等操作设置文档格式。

（2）在文档中插入饼图图表，然后对图表的标题和图表布局进行设置。

（3）通过插入图片和输入文字来设置文档页眉，通过插入页脚样式来设置文档页脚。

“市场分析报告 .docx”文档内容效果如图 5.5 所示。

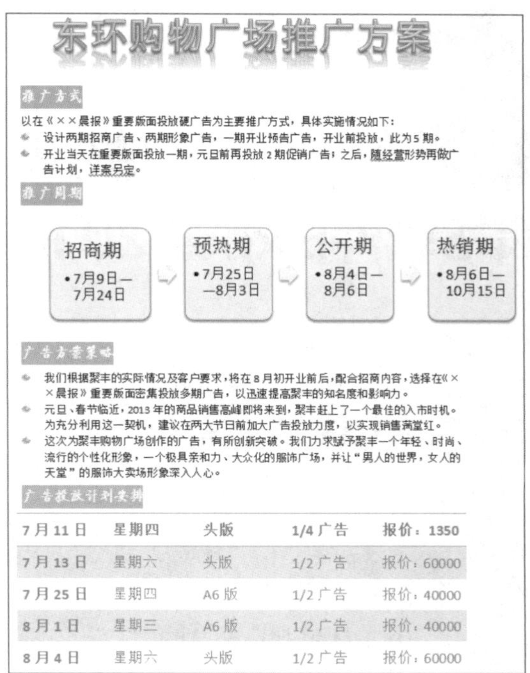

东环购物广场推广方案

推广方式

以在《××晨报》重要版面投放硬广告为主要推广方式，具体实施情况如下：

- 设计两期招商广告、两期形象广告，一期开业预告广告，开业前投放，此为 5 期。
- 开业当天在重要版面投放一期，元旦前再投放 2 期促销广告；之后，随经营形势再做广告计划，详案另定。

推广周期

招商期	预热期	公开期	热销期
•7月9日—7月24日	•7月25日—8月3日	•8月4日—8月6日	•8月6日—10月15日

广告方案策略

- 我们根据聚丰的实际情况及客户要求，将在 8 月初开业前后，配合招商内容，选择在《××晨报》重要版面密集投放多期广告，以迅速提高聚丰的知名度和影响力。
- 元旦、春节临近，2013 年的商品销售高峰即将来到，聚丰赶上了一个最佳的入市时机。为充分利用这一契机，建议在两大节日前加大广告投放力度，以实现销售满堂红。
- 这次为聚丰购物广场创作的广告，有所创新突破。我们力求赋予聚丰一个年轻、时尚、流行的个性化形象，一个极具亲和力、大众化的服饰广场，并让"男人的世界，女人的天堂"的服饰大卖场形象深入人心。

广告投放计划安排

7 月 11 日	星期四	头版	1/4 广告	报价：1350
7 月 13 日	星期六	头版	1/2 广告	报价：60000
7 月 25 日	星期四	A6 版	1/2 广告	报价：40000
8 月 1 日	星期三	A6 版	1/2 广告	报价：40000
8 月 4 日	星期六	头版	1/2 广告	报价：60000

图 5.4 "推广方案 .docx"文档内容

扫一扫

第5章　操作题4

扫一扫

第5章　操作题5

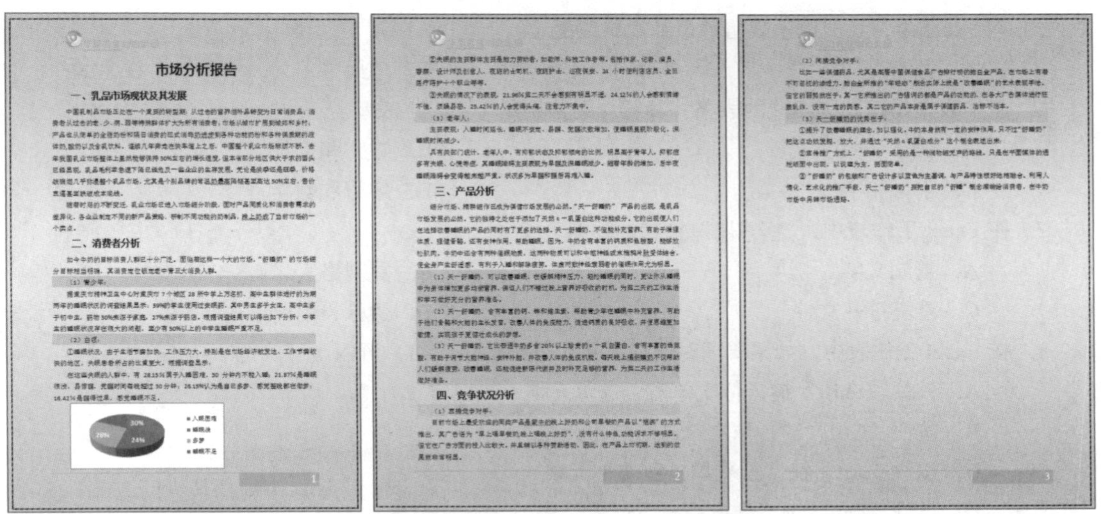

市场分析报告

一、乳品市场现状及其发展

二、消费者分析

三、产品分析

四、竞争状况分析

图 5.5 "市场分析报告 .docx"文档内容

Chapter 6

第6章 电子表格软件Excel 2010

一、单选题

1. Excel 的主要功能是（　　）。

A. 表格处理、文字处理、文件管理　　B. 表格处理、网络通信、图形处理

C. 表格处理、数据库处理、图形处理　　D. 表格处理、数据处理、网络通信

2. Excel 2010 工作簿文件的扩展名为（　　）。

A. .xlsx　　B. .docx　　C. .pptx　　D. .xls

3. 按（　　），可执行保存 Excel 工作簿的操作。

A. “Ctrl + C”组合键　　B. “Ctrl + E”组合键

C. “Ctrl + S”组合键　　D. “Esc”键

4. 在 Excel 中，Sheet1、Sheet2……表示（　　）。

A. 工作簿名　　B. 工作表名　　C. 文件名　　D. 数据

5. 在 Excel 中，组成电子表格的最基本单位是（　　）。

A. 数字　　B. 文本　　C. 单元格　　D. 公式

6. 工作表是用行和列组成的表格，其行、列分别用（　　）表示。

A. 数字和数字　　B. 数字和字母

C. 字母和字母　　D. 字母和数字

7. 在 Excel 工作表中，“格式刷”按钮的功能为（　　）。

A. 复制文字　　B. 复制格式

C. 重复打开文件　　D. 删除当前所选内容

8. 在 Excel 工作表中，如果要同时选择若干个连续的单元格，可以（　　）。

A. 按住“Shift”键，依次单击所选单元格

B. 按住“Ctrl”键，依次单击所选单元格

C. 按住“Alt”键，依次单击所选单元格

D. 按住“Tab”键，依次单击所选单元格

9. 在默认情况下，Excel 工作表中的数据呈白底黑字显示。为了使工作表更加美观，可以为工作表填充颜色，此时一般可通过（　　）进行操作。

A. 【页面布局】/【背景设置】组　　B. 【页面布局】/【主题】组

C. 【页面布局】/【页面设置】组　　D. 【页面布局】/【排列】组

10. 快速新建工作簿，可使用的组合键是（　　）。

A. Shift+O　　B. Ctrl+O　　C. Ctrl+N　　D. Alt+O

11. 在 Excel 中，A1 单元格设定其数字格式为整数，当输入“11.15”时，显示为（ ）。

A. 11.11　B. 11　C. 12　D. 11.2

12. 当输入的数据位数太长，一个单元格放不下时，数据将自动改为（ ）

A. 科学记数　B. 文本数据　C. 备注类型　D. 特殊数据

13. 在默认状态下，单元格中数字的对齐方式是（ ）。

A. 左对齐　B. 右对齐　C. 两边对齐　D. 居中

14. 在 Excel 中，单元格中的换行可以按（ ）。

A. “Ctrl+Enter”组合键　B. “Alt+Enter”组合键

C. “Shift+Enter”组合键　D. “Enter”键

15. 在 Excel 中，不可以通过“清除”命令清除的是（ ）。

A. 表格批注　B. 拼写错误　C. 表格内容　D. 表格样式

16. 在 Excel 中，先选择 A1 单元格，然后按住“Shift”键，并单击 B4 单元格，此时所选单元格区域为（ ）。

A. A1:B4　B. A1:B5　C. B1:C4　D. B1:C5

17. 在单元格中输入公式时，完成输入后单击编辑栏上的✔按钮，该操作表示（ ）。

A. 取消　B. 拼写检查　C. 函数向导　D. 确认

18. 在 Excel 2010 中移动或复制公式单元格时，以下说法正确的是（ ）。

A. 公式中的绝对地址和相对地址都不变

B. 公式中的绝对地址和相对地址都会自动调整

C. 公式中的绝对地址不变，相对地址自动调整

D. 公式中的绝对地址自动调整，相对地址不变

19. 对数据表进行自动筛选后，所选数据表的每个字段名旁都对应着一个（ ）。

A. 下拉按钮　B. 对话框　C. 窗口　D. 工具栏

20. 在对数据进行分类汇总之前，必须先对数据（ ）。

A. 按分类汇总的字段排序，使相同的数据集中在一起

B. 自动筛选

C. 按任何字段排序

D. 格式化

21. 单元格引用随公式所在单元格位置的变化而变化，这属于（ ）。

A. 相对引用　B. 绝对引用　C. 混合引用　D. 直接引用

22. 在下列选项中，不属于 Excel 视图模式的是（ ）。

A. 普通视图　B. 页面布局视图　C. 分页预览视图　D. 演示视图

23. 在 Excel 中插入超链接时，下列方法错误的是（ ）。

A. 可以通过现有文件或网页插入超链接　B. 可以使其链接到当前文档中的任意位置

C. 可以插入电子邮件　D. 可以插入本地任意文件

24. 工作表被保护后，该工作表中的单元格的内容、格式（ ）。

A. 可以修改　B. 不可修改、删除

C. 可以被复制、填充　D. 可移动

25. 在 Excel 工作表的公式中，“SUM（B3:C4）”的含义是（ ）。

A. B3与C4两个单元格中的数据求和

B. 将从B3与C4的矩阵区域内所有单元格中的数据求和

C. 将B3与C4两个单元格中的数据求平均

D. 将从B3到C4的矩阵区域内所有单元格中的数据求平均

26. 在 Excel 工作表的公式中，“AVERAGE（B3:C4）”的含义是（　　）。

A. 将B3与C4两个单元格中的数据求和

B. 将B3与C4的矩阵区域内所有单元格中的数据求和

C. 将B3与C4两个单元格中的数据求平均

D. 将从B3到C4的矩阵区域内所有单元格中的数据求平均

27. Excel 中，一个完整的函数包括（　　）。

A. “=”和函数名　　B. 函数名和变量

C. “=”和变量　　D. “=”、函数名和变量

28. 在 Excel 工作表中，求单元格 B5 ~ D12 中的最大值，用函数表示的公式为（　　）。

A. =MIN（B5:D12）　　B. =MAX（B5:D12）

C. =SUM（B5:D12）　　D. =SIN（B5:D12）

29. G3 单元格的公式是“=E3*F3”，如将 G3 单元格中的公式复制到 G5，则 G5 中的公式为（　　）。

A. =E3*F3　　B. =E5*F5　　C. E5*F5　　D. E5*F5

30. 删除工作表中与图表链接的数据时，图表将（　　）。

A. 被复制　　B. 必须用编辑删除相应的数据点

C. 不会发生变化　　D. 自动删除相应的数据点

31. 在 Excel 中，图表是数据的一种图像表示形式，图表是动态的，改变了图表（　　）后，Excel 会自动更改图表。

A. *X* 轴数据　　B. *Y* 轴数据　　C. 数据　　D. 表标题

32. 若要修改图表背景色，可双击（　　），在打开的对话框中进行修改。

A. 图表区　　B. 绘图区　　C. 分类轴　　D. 数值轴

33. 在 Excel 中，最适合反映单个数据在所有数据构成的总和中所占比例的一种图表类型是（　　）。

A. 散点图　　B. 折线图　　C. 柱形图　　D. 饼图

34. 在 Excel 中，最适合反映数据的发展趋势的一种图表类型是（　　）。

A. 散点图　　B. 折线图　　C. 柱形图　　D. 饼图

35. 下列选项中，对 Excel 中的筛选功能描述正确的是（　　）。

A. 按要求对工作表数据进行排序　　B. 隐藏符合条件的数据

C. 只显示符合设定条件的数据，而隐藏其他　　D. 按要求对工作表数据进行分类

36. 在 Excel 中，在打印学生成绩单时，对不及格的成绩用醒目的方式表示（如用红色表示等），当要处理大量的学生成绩时，利用（　　）命令最为方便。

A. 查找　　B. 条件格式　　C. 数据筛选　　D. 定位

37. 关于分类汇总的叙述正确的是（　　）。

A. 分类汇总前首先应按分类字段值对记录排序　　B. 分类汇总只能按一个字段分类

C. 只能对数值型字段进行汇总统计　　D. 汇总方式只能求和

38. 对于 Excel 数据库，排序是按照（　　）来进行的。

A. 记录　　B. 工作表　　C. 字段　　D. 单元格

39. 在排序时，将工作表的第一行设置为标题行，若选择标题行一起参与排序，则排序后标题行（　　）。

A. 总出现在第一行　　B. 总出现在最后一行

C. 依指定的排序顺序而定其出现位置　　D. 总不显示

40. 在 Excel 数据清单中，按某一字段内容进行归类，并对每一类做出统计的操作是（　　）。
A. 记录处理　　B. 分类汇总　　C. 筛选　　D. 排序

二、多选题

1. 关于电子表格的基本概念，描述正确的是（　　）。
A. 工作簿是Excel中存储和处理数据的文件　　B. 工作表是存储和处理数据的工作单位
C. 单元格是存储和处理数据的基本编辑单位　　D. 活动单元格是已输入数据的单元格

2. 在对下列内容进行粘贴操作时，一定要使用选择性粘贴的是（　　）。
A. 公式　　B. 文字　　C. 格式　　D. 数字

3. 下列关于 Excel 的叙述，错误的是（　　）。
A. Excel将工作簿的每一张工作表分别作为一个文件来保存
B. Excel允许同时打开多个工作簿进行文件处理
C. Excel的图表必须与生成该图表的有关数据处于同一张工作表中
D. Excel工作表的名称由文件名决定

4. 下列选项中，可以新建工作簿的操作为（　　）。
A. 选择【文件】/【新建】命令　　B. 利用快速访问工具栏的新建按钮
C. 使用模板方式　　D. 选择【文件】/【打开】命令

5. 在工作簿的单元格中，可输入的内容包括（　　）。
A. 字符　　B. 中文　　C. 数字　　D. 公式

6. Excel 的自动填充功能，可以自动填充（　　）。
A. 数字　　B. 公式　　C. 日期　　D. 文本

7. Excel 中的公式可以使用的运算符有（　　）。
A. 数学运算　　B. 文字运算　　C. 比较运算　　D. 逻辑运算

8. 修改单元格中的数据的正确方法有（　　）。
A. 在编辑栏修改　　B. 开始功能区按钮
C. 复制和粘贴　　D. 在单元格修改

9. 在 Excel 中，复制单元格格式可采用（　　）。
A. 链接　　B. 复制 + 粘贴　　C. 复制 + 选择性粘贴　　D. 格式刷

10. 下列选项中，可以成功完成退出 Excel 的操作的是（　　）。
A. 双击Excel系统菜单图标　　B. 选择【文件】/【关闭】命令
C. 选择【文件】/【退出】命令　　D. 单击Excel系统菜单图标

11. 在 Excel 中，使用填充功能可以实现（　　）填充。
A. 等差数列　　B. 等比数列　　C. 多项式　　D. 方程组

12. 下列关于 Excel 图表的说法，正确的是（　　）。
A. 图表与生成的工作表数据相独立，不自动更新
B. 图表类型一旦确定，生成后不能再更新
C. 图表选项可以在创建时设定，也可以在创建后修改
D. 图表可以作为对象插入，也可以作为新工作表插入

13. 数据排序主要可分为（　　）。
A. 直接筛选　　B. 自动筛选
C. 高级筛选　　D. 自定义筛选

14. 下列属于常见图表类型的是（　　）。

A. 柱形图　　B. 环状图　　C. 条形图　　D. 折线图

15. 下列选项中，属于 Excel 标准类型图表的有（　　）。

A. 折线图　　B. 对数图　　C. 管状图　　D. 柱形图

16. 下列选项中，属于数据透视表中拖动字段主要区域的是（　　）。

A. 行标签区域　　B. 筛选区域　　C. 列标签区域　　D. 数值区域

17. 对工作表窗口冻结分为（　　）几种方式。

A. 简单　　B. 条件　　C. 水平　　D. 垂直

18. 下列选项中，属于数据透视表的数据来源的有（　　）。

A. Excel数据清单或数据库　　B. 外部数据库

C. 多重合并计算数据区域　　D. 查询条件

19. 在 Excel 的数据清单中进行排序操作时，当以“姓名”字段作为关键字进行排序，系统将按“姓名”的（　　）为序重排数据。

A. 拼音字母　　B. 部首偏旁　　C. 输入码　　D. 笔画

20. 下列选项中，可以通过“快速访问工具栏”的“撤销键入”按钮恢复的操作包括（　　）。

A. 插入工作表　　B. 删除工作表

C. 删除单元格　　D. 插入单元格

三、判断题

1. 启动 Excel 后，默认的工作簿名为“工作簿 1”。（　　）

2. 在同一个工作簿中，可以为不同的工作表设置相同的名称。（　　）

3. 在 Excel 中修改当前活动单元格中的数据时，可通过编辑栏进行修改。（　　）

4. 在 Excel 中，表示一个数据区域时，例如，表示 A3 单元格到 E6 单元格，其表示方法为“A3:E6”。（　　）

5. 在 Excel 中，“移动或复制工作表”命令只能将选择的工作表移动或复制到同一工作簿的不同位置。（　　）

6. 对于选择的区域，若要一次性输入同样数据或公式，可在该区域输入数据公式，按“Ctrl+Enter”组合键，即可完成操作。（　　）

7. 在 Excel 中的清除操作是将单元格的内容删除，包括其所在的地址。（　　）

8. 在 Excel 中的删除操作只是将单元格的内容删除，而单元格本身仍然存在。（　　）

9. Excel 允许用户将工作表在一个或多个工作簿中移动或复制，但要在不同的工作簿之间移动工作表，这两个工作簿必须是打开的。（　　）

10. 在 Excel 中，单元格可用来存储文字、公式、函数和逻辑值等数据。（　　）

11. Excel 可根据用户在单元格内输入的字符串的第一个字符判定该字符串为数值或字符。（　　）

12. 在 Excel 单元格中输入 3/5，就表示数值五分之三。（　　）

13. 在 Excel 中不可以创建日期序列。（　　）

14. 在 Excel 中，可以根据需要为表格添加边框线，并设置边框的线型和粗细。（　　）

15. 在 Excel 中要删除工作表，首先需选择工作表，然后单击【开始】/【编辑】组的“清除”按钮。（　　）

16. 在 Excel 工作簿中可以对工作表进行移动。（　　）

17. *A* 工作簿中的工作表可以复制到 *B* 工作簿中。 (　　)

18. 直接用鼠标单击工作表标签即可选择该工作表。 (　　)

19. Excel 中公式的移动和复制是有区别的，移动时公式中单元格引用将保持不变，复制时公式的引用会自动调整。 (　　)

20. 创建图表以后，仍可以在图表中直接修改图表标题。 (　　)

21. 数据透视图跟数据透视表一样，可以在图表上拖动字段名来改变数据透视图的外观。 (　　)

22. 对于已经创建好的图表，如果源工作表中数据项目（列）增加，则图表将自动增加新的项目。 (　　)

23. 降序排序时序列中空白的单元格行将被放置在排序数据清单最后的位置。 (　　)

24. 在 Excel 中自动排序时，当只选择表中的一列数据，其他列数据不发生变化。 (　　)

25. 使用 SUM 函数可以计算平均值。 (　　)

26. 在 Excel 中数据筛选是指从数据清单中选择满足条件的数据，将所有不满足条件的数据行隐藏起来。 (　　)

27. 应用公式后，单元格中只能显示公式的计算结果。 (　　)

28. 所谓绝对引用是指把公式复制到新位置时，公式中的单元格地址固定不变，与包含公式的单元格位置无关。 (　　)

29. Excel 不但能计算数据，还可对数据进行排序、筛选和分类汇总等高级操作。 (　　)

30. 在表格中进行数据计算可按列求和或按行求和。 (　　)

31. 可以利用自动填充功能对公式进行复制。 (　　)

32. 如果使用绝对引用，公式不会改变；如果使用相对引用，则公式会改变。 (　　)

33. 混合引用是指一个引用的单元格地址中既有绝对单元格地址，又有相对单元格地址。 (　　)

34. 用 Excel 绘制的图表，其图表中图例文字的字样是可以改变的。 (　　)

35. 在 Excel 中创建图表，是指在工作表中插入一张图片。 (　　)

36. Excel 公式一定会在单元格中显示出来。 (　　)

37. 在完成复制公式的操作后，系统会自动更新单元格内容，但不计算结果。 (　　)

38. Excel 一般会自动选择求和范围，单用户也可自行选择求和范围。 (　　)

39. 分类汇总是按一个字段进行分类汇总，而数据透视表数据则适合按多个字段进行分类汇总。 (　　)

40. 在 Excel 的单元格引用中，单元格地址不会随位移的方向和大小的改变而改变，则该引用为相对引用。 (　　)

四、操作题

1. “员工信息 .xlsx”工作表内容如图 6.1 所示，按以下要求进行操作，参考效果如图 6.2 所示。

（1）为 A4:A19 区域自动填充编号。

（2）为 A2:F19 单元格区域快速应用“表样式浅色 8”表格样式。

（3）将所有文本和数据的对齐方式设置为居中对齐。

（4）将工作表名称更改为“员工信息”。

（5）将工作簿标记为最终状态。

（6）将 A2:F19 单元格区域的列宽调整为“10”。

扫一扫

第6章　操作题1

（7）保存工作簿。

	A	B	C	D	E	F
1	员工基本信息					
2	员工编号	姓名	性别	部门	职务	联系电话
3	20014001	黄飞龙	男	销售部	业务员	1342569****
4	20014002	李梅	女	财务部	会计	1390246****
5	20014003	张广仁	男	销售部	业务员	1350570****
6	20014004	王璐璐	女	销售部	业务员	1365410****
7	20014005	张静	女	设计部	设计师	1392020****
8	20014006	赵巧	女	设计部	设计师	1385615****
9	20014007	李杰	男	销售部	业务员	1376767****
10	20014008	张全	男	财务部	会计	1394170****
11	20014009	徐飞	男	销售部	业务员	1592745****
12	20014010	于能	男	财务部	会计	1374108****
13	20014011	张亚明	男	设计部	普通员工	1593376****
14	20014012	周华	男	销售部	业务员	1332341****
15	20014013	李洁	女	策划部	普通员工	1351514****
16	20014014	王红霞	女	设计部	普通员工	1342676****
17	20014015	周莉莉	女	财务部	会计	1391098****
18	20014016	张家徽	男	销售部	业务员	1342569****
19	20014017	李菲菲	女	财务部	会计	1390246****

图 6.1　员工信息表

	A	B	C	D	E	F
1	员工基本信息					
2	员工编号	姓名	性别	部门	职务	联系电话
3						
4	20014001	黄飞龙	男	销售部	业务员	1342569****
5	20014002	李梅	女	财务部	会计	1390246****
6	20014003	张广仁	男	销售部	业务员	1350570****
7	20014004	王璐璐	女	销售部	业务员	1365410****
8	20014005	张静	女	设计部	设计师	1392020****
9	20014006	赵巧	女	设计部	设计师	1385615****
10	20014007	李杰	男	销售部	业务员	1376767****
11	20014008	张全	男	财务部	会计	1394170****
12	20014009	徐飞	男	销售部	业务员	1592745****
13	20014010	于能	男	财务部	会计	1374108****
14	20014011	张亚明	男	设计部	普通员工	1593376****
15	20014012	周华	男	销售部	业务员	1332341****
16	20014013	李洁	女	策划部	普通员工	1351514****
17	20014014	王红霞	女	设计部	普通员工	1342676****
18	20014015	周莉莉	女	财务部	会计	1391098****
19	20014016	张家徽	男	销售部	业务员	1342569****
20	20014017	李菲菲	女	财务部	会计	1390246****

图 6.2　“员工信息表”参考效果

2. 打开“部门工资表 .xlsx”工作簿，按以下要求进行操作，参考效果如图 6.3 所示。

	A	B	C	D	E	F	G
1							
2	部门工资表						
3	学号	姓名	职务	基本工资	提成	奖/惩	实得工资
4	20091249	胡倩	业务员	¥ 800.00	¥ 400.00	¥ 100.00	¥ 1,300.00
5	20091258	肖亮	业务员	¥ 800.00	¥ 700.00	¥ -50.00	¥ 1,450.00
6	20091240	李志霞	经理	¥ 2,000.00	¥ 3,000.00	¥ 500.00	¥ 5,500.00
7	20091231	谢明	文员	¥ 900.00	¥ 500.00	¥ 150.00	¥ 1,550.00
8	20091256	徐江东	业务员	¥ 800.00	¥ 500.00	¥ 50.00	¥ 1,350.00
9	20091234	罗兴	财务	¥ 1,000.00	¥ 900.00	¥ 200.00	¥ 2,100.00
10	20091247	罗维维	业务员	¥ 800.00	¥ 800.00	¥ 100.00	¥ 1,700.00
11	20091233	屈燕	业务员	¥ 800.00	¥ 900.00	¥ 200.00	¥ 1,900.00
12	20091250	尹惠	文员	¥ 900.00	¥ 500.00	¥ 100.00	¥ 1,500.00
13	20091251	向东	财务	¥ 1,000.00	¥ 1,200.00	¥ 100.00	¥ 2,300.00
14	20091252	秦万怀	业务员	¥ 800.00	¥ 900.00	¥ -	¥ 1,700.00

图 6.3　“部门工资表”参考效果

（1）将 Sheet1 工作表中的内容复制到 Sheet2 工作表中，并将 Sheet2 工作表的名称更改为“1 月工资表”。

（2）依次在“1 月工资表”中填写“基本工资”“提成”“奖 / 惩”“实得工资”等数据。

（3）将基本工资”“提成”“奖 / 惩”“实得工资”等数据的数字格式设置为“会计专用”。

扫一扫

第6章　操作题2

（4）将 A3:G13 单元格区域的列宽调整为“15”。

（5）将“学号”“姓名”“职务”的对齐方式设置为居中对齐，将 A2:G2 单元格区域的对齐方式设置为居中对齐。

（6）将 A1:G1 设置为“合并并居中”。

（7）保存工作簿。

3. “日常费用统计表 .xlsx”工作簿内容如图 6.4 所示，按以下要求进行操作。

（1）启动 Excel 2010，打开提供的“日常费用统计表 .xlsx”，删除 E2:E17 单元格区域。

（2）为 C3:D17 数据区域制作图表，图表类型为饼图。

（3）对“金额”列进行降序排序。

（4）使用自动筛选工具，筛选表中大于 5 000 的金额记录，并查看图表的变化。

（5）将工作簿另存为“日常费用记录表 .xlsx”。

日常费用记录表

日期	费用项目	说明	金额（元）
2013/11/3	办公费	购买打印纸、订书针	¥ 100.00
2013/11/3	招待费		¥ 3,500.00
2013/11/6	运输费	运输材料	¥ 300.00
2013/11/7	办公费	购买电脑2台	¥ 9,000.00
2013/11/8	运输费	为郊区客户送货	¥ 500.00
2013/11/10	交通费	出差	¥ 600.00
2013/11/10	宣传费	制作宣传单	¥ 520.00
2013/11/12	办公费	购买饮水机1台	¥ 420.00
2013/11/16	宣传费	制作灯箱布	¥ 600.00
2013/11/18	运输费	运输材料	¥ 200.00
2013/11/19	交通费	出差	¥ 680.00
2013/11/22	办公费	购买文件夹、签字笔	¥ 50.00
2013/11/22	招待费		¥ 2,000.00
2013/11/25	交通费	出差	¥ 1,800.00
2013/11/28	宣传费	制作宣传册	¥ 850.00

图 6.4 日常费用统计表

4. “员工工资表 .xlsx” 工作簿内容如图 6.5 所示，按以下要求进行操作。

员工6月份工资统计表

姓名	基本工资（元）	绩效工资（元）	提成（元）	工龄工资（元）	工资汇总（元）
张晓霞	1252.8	1368	1238.4	921.6	
杨茂	1123.2	820.8	734.4	936	
郭晓诗	979.2	907.2	1310.4	1324.8	
黄寒冰	763.2	1036.8	892.8	921.6	
张红丽	1339.2	1310.4	1296	1281.6	
李珊	763.2	907.2	792	1252.8	
刘金华	763.2	979.2	1310.4	720	
刘瑾	806.4	921.6	1425.6	878.4	
张跃进	1108.8	777.6	1094.4	892.8	
石磊	1296	892.8	936	748.8	
张军军	936	835.2	1310.4	1195.2	
王浩	1008	907.2	1353.6	1180.8	
彭念念	1008	734.4	734.4	1123.2	
黄益达	1000.5	1100.5	984.2	720.2	
景佳人	980.2	994.2	1320.2	1540.2	
韩素	1430	1560.2	1654.5	1260.2	

图 6.5 员工工资表

（1）使用自动求和公式计算“工资汇总”列的数值，其数值 = 基本工资 + 绩效工资 + 提成 + 工龄工资。

（2）对表格进行美化，设置其对齐方式为居中对齐。

（3）将基本工资、绩效工资、提成、工龄工资和工资汇总的数据格式设置为“会计专用”。

（4）使用降序排列的方式对工资汇总进行排序，并将大于 4 000 的数据设置为红色。

5. “产品销售测评表 .xlsx” 工作簿内容如图 6.6 所示，按以下要求进行操作。

上半年产品销售测评表

姓名	营业额（万元）						月营业总额	月平均营业额	名次
	一月	二月	三月	四月	五月	六月			
A店	95	85	85	90	89	84	528	88	
B店	92	84	85	85	88	90	524	87	
D店	85	88	87	84	84	83	511	85	
E店	80	82	86	88	81	80	497	83	
F店	87	89	86	84	83	88	517	86	
G店	86	84	85	81	80	82	498	83	
H店	71	73	69	74	69	77	433	72	
I店	69	74	76	72	76	65	432	72	
J店	76	72	72	77	72	80	449	75	
K店	72	77	80	82	86	88	485	81	
L店	88	70	80	79	77	75	469	78	
M店	74	65	78	77	68	73	435	73	

图 6.6 产品销售测评表

（1）筛选“月营业总额”小于 450 的数据，将其填充为浅蓝色。

（2）筛选“月营业总额”大于 450、小于 500 的数据，将其填充为紫色。

（3）筛选“月营业总额”大于 500 的数据，将其填充为绿色。

（4）将“月平均营业额”由低到高进行排序。

Chapter

7

第7章 演示文稿软件PowerPoint 2010

一、单选题

1. 在 PowerPoint 中，演示文稿与幻灯片的关系是（　　）。
   A. 同一概念　　B. 相互包含
   C. 演示文稿中包含幻灯片　　D. 幻灯片中包含演示文稿
2. 使用 PowerPoint 制作幻灯片时，主要通过（　　）区域制作幻灯片。
   A. 状态栏　　B. 幻灯片区　　C. 大纲区　　D. 备注区
3. PowerPoint 2010 演示稿的扩展名是（　　）。
   A. POTX　　B. PPTX　　C. DOCX　　D. DOTX
4. 在 PowerPoint 2010 的下列视图模式中，（　　）可以进行文本的输入。
   A. 普通视图，幻灯片浏览视图，大纲视图
   B. 大纲视图，备注页视图，幻灯片放映视图
   C. 普通视图，大纲视图，幻灯片放映视图
   D. 普通视图，大纲视图，备注页视图
5. 在幻灯片中插入的图片盖住了文字，可通过（　　）来调整这些叠放效果。
   A．叠放次序命令　　B．设置
   C．组合　　D．【格式】/【排列】组
6. 插入新幻灯片的方法是（　　）。
   A. 单击【开始】/【幻灯片】组中的“新幻灯片”按钮
   B. 按“Enter”键
   C. 按“Ctrl+M”组合键
   D. 以上方法均可
7. 启动 PowerPoint 后，可通过（　　）建立演示文稿文件。
   A. 在“文件”列表中选择“新建”命令
   B. 在自定义快速访问工具栏中选择“新建”选项
   C. 直接按“Ctrl+N”组合键
   D. 以上方法均可
8. 在下列操作中，不能删除幻灯片的操作是（　　）。
   A. 在“幻灯片”窗格中选择幻灯片，按“Delete”键
   B. 在“幻灯片”窗格中选择幻灯片，按“Backspace”键
   C. 在“幻灯片”窗格中选择幻灯片，单击鼠标右键，在弹出的快捷菜单中选择“删除幻灯片”命令

D. 在“幻灯片”窗格中选择幻灯片，单击鼠标右键，选择“重设幻灯片”命令

9. 下列操作中，可以保存演示文稿文档的方法有（ ）。

A. 在“文件”菜单中选择“保存”命令　　B. 单击“保存”按钮

C. 按“Ctrl+S”组合键　　D. 以上均可

10. 下列视图模式中，不属于 PowerPoint 视图的是（ ）。

A. 大纲视图　　B. 幻灯片视图

C. 幻灯片浏览视图　　D. 详细资料视图

11. 下列关于 PowerPoint 的说法，错误的是（ ）。

A. 可以在幻灯片浏览视图中更改幻灯片上动画对象的出现顺序

B. 可以在普通视图中设置动态显示文本和对象

C. 可以在浏览视图中设置幻灯片切换效果

D. 可以在普通视图中设置幻灯片切换效果

12. 在 PowerPoint 浏览视图下，按住“Ctrl”键拖动某张幻灯片，可以完成（ ）操作。

A. 移动幻灯片　　B. 复制幻灯片

C. 删除幻灯片　　D. 选定幻灯片

13. 关闭 PowerPoint 时，若不保存修改过的文档，则（ ）。

A. 系统会发生崩溃　　B. 刚刚编辑过的内容将会丢失

C. PowerPoint将无法正常启动　　D. 硬盘产生错误

14. 在 PowerPoint 中，如须在占位符中添加文本，其正确的操作是（ ）。

A. 单击标题占位符，将文本插入点置于占位符内

B. 单击功能区的插入按钮

C. 通过粘贴命令插入文本

D. 通过新建按钮来创建新的文本

15. 在 PowerPoint 中，如须通过“文本框”工具在幻灯片中添加竖排文本，则（ ）。

A. 默认的格式就是竖排

B. 将文本格式设置为竖排排列

C. 选择“文本框”栏的“横排文本框”命令

D. 选择“文本框”栏的“垂直文本框”命令

16. 在 PowerPoint 中为形状添加文本的方法为（ ）。

A. 在插入的图形上单击鼠标右键，在弹出的快捷菜单中选择“添加文本”命令

B. 直接在图形上编辑

C. 另存到图像编辑器中编辑

D. 直接将文本粘贴在图形上

17. 在 PowerPoint 中进行粘贴操作时，可使用的组合键为（ ）。

A. Ctrl+C　　B. Ctrl+P　　C. Ctrl+X　　D. Ctrl+V

18. 在 PowerPoint 中设置文本的项目符号和编号时，可通过（ ）进行设置。

A. “字体”命令　　B. 单击“项目符号和编号”按钮

C. 【开始】/【段落】组　　D. 行距

19. 在 PowerPoint 中创建表格时，一般在（ ）进行操作。

A. 【插入】/【图片】组　　B. 【插入】/【对象】组

C. 【插入】/【表格】组　　D. 【插入】/【绘制表格】组

20. 下列关于在 PowerPoint 中插入图片的叙述，错误的是（ ）。
A. 在幻灯片任何视图中，都可以显示要插入图片的幻灯片
B. 在PowerPoint 2010中，也可以通过占位符插入图片
C. 插入图片的路径可以是本地图片路径，也可以是网络图片路径
D. 用户可以根据需要更改幻灯片中的图片大小和位置

21. 在演示文稿中插入超链接时，所链接的目标不能是（ ）。
A. 另一个演示文稿 B. 同一演示文稿的某一张幻灯片
C. 其他文档 D. 幻灯片中的某一个具体对象

22. 在 PowerPoint 中，停止幻灯片播放应按（ ）键。
A. Enter B. Shift C. Ctrl D. Esc

23. 下列关于幻灯片动画的内容，说法错误的是（ ）。
A. 幻灯片上动画对象的出现顺序不能随意修改
B. 动画对象在播放之后可以再添加效果
C. 可以在演示文稿中添加超链接，然后用它跳转到不同的位置
D. 创建超链接时，起点可以是任何文本或对象

24. 下列有关幻灯片背景设置的说法，错误的是（ ）。
A. 可以为幻灯片设置不同的颜色、图案或者纹理的背景
B. 可以使用图片作为幻灯片背景
C. 可以为单张幻灯片设置背景
D. 不可以同时对当前演示文稿中的所有幻灯片设置背景

25. 在 PowerPoint 中应用模版后，新模板将会改变原演示文稿的（ ）。
A. 配色方案 B. 幻灯片母版 C. 标题母版 D. 以上选项都对

26. 下列（ ）是在幻灯片母版上不可以完成的操作。
A. 使相同的图片出现在所有幻灯片的相同位置 B. 使所有幻灯片具有相同的背景颜色及图案
C. 使所有幻灯片的占位符具有相同格式 D. 通过母版编辑所有幻灯片中的内容

27. 若要改变超链接文字的颜色，应该通过（ ）对话框进行设置。
A. 超链接设置 B. 幻灯片版面设置 C. 字体设置 D. 新建主体颜色

28. 在 PowerPoint 中，为所有幻灯片中的对象设置统一样式，需应用（ ）的功能。
A. 模板 B. 母版 C. 版式 D. 样式

29. 若要在幻灯片上配合讲解做标记，可使用（ ）。
A. “指针选项”中的各种笔 B. “画笔”工具
C. “绘图”工具栏 D. 笔

30. 执行（ ）操作不能切换至幻灯片放映视图中。
A. 按“F5”键 B. 单击“从头开始”按钮
C. 单击“从当前幻灯片开始”按钮 D. 双击“幻灯片”按钮

31. 在幻灯片放映过程中，按（ ）可以退出幻灯片放映。
A. 空格键 B. 鼠标右键 C. 鼠标左键 D. “Esc”键

32. 在 PowerPoint 2010 中，通过“页眉和页脚”对话框的“幻灯片”选项卡不能设置（ ）。
A. 日期和时间 B. 幻灯片编号 C. 页眉 D. 页脚

33. 在设置幻灯片放映的换页效果时，应通过（ ）进行设置。
A. 动作按钮 B. “切换”功能组 C. 预设动画 D. 自定义动画

34. 若要在放映过程中迅速找到某张幻灯片，可通过（　　）方法直接移动至要查找的幻灯片。
A. 翻页　B. 定位至幻灯片
C. 退出放映视图，再进行翻页　D. 退出放映视图，再进行查找

35. 如果在演示文稿中设置了隐藏的幻灯片，那么在打印时，这些隐藏的幻灯片将（　　）。
A. 是否打印根据用户的设置决定　B. 不会打印
C. 将同其他幻灯片一起打印　D. 只能打印出黑白效果

36. 在幻灯片浏览视图下不能进行的操作是（　　）。
A. 设置动画效果　B. 幻灯片切换
C. 幻灯片的移动和复制　D. 幻灯片的删除

37. 在 Power Point 中使用母版的目的是（　　）。
A. 演示文稿的风格一致
B. 编辑美化现有的模板
C. 通过标题母版控制标题幻灯片的格式和位置
D. 以上均是

38. 要从当前幻灯片开始放映，应单击（　　）按钮。
A. 幻灯片切换　B. 从当前幻灯片开始
C. 按“F5”键　D. 开始放映

39. 在演示文稿中设置幻灯片切换速度是在（　　）中进行。
A. 【切换】/【切换到此幻灯片】组的列表框
B. 【切换】/【切换到此幻灯片】组的“效果”下拉列表
C. 【切换】/【计时】组
D. 【动画】/【高级动画】组

40. 演示文稿支持的视频文件格式有（　　）。
A. AVI文件　B.WMV文件　C. MPG文件　D. 以上均可

41. 在幻灯片中添加声音和媒体文件，主要是通过（　　）进行。
A. 【插入】/【媒体】组　B. 【插入】/【对象】组
C. 【插入】/【符号】组　D. 【插入】/【公式】组

42. 母版分为（　　）。
A. 幻灯片母版和讲义母版
B. 幻灯片母版和标题母版
C. 幻灯片母版、讲义母版、标题母版和备注母版
D. 幻灯片母版、讲义母版和备注母版

43. 在下列操作中，可以隐藏幻灯片的操作是（　　）。
A. 在“幻灯片”窗格的幻灯片上单击鼠标右键，在弹出的快捷菜单中选择“隐藏幻灯片”命令
B. 在母版幻灯片上单击鼠标右键，在弹出的快捷菜单中选择“隐藏幻灯片”命令
C. 通过【视图】/【演示文稿视图】组
D. 通过【视图】/【母版视图】组

44. PowerPoint 提供了文件的（　　）功能，可以将演示文稿、其所连接的各种声音、图片等外部文件统一保存起来。
A. 定位　B. 另存为　C. 存储　D. 打包

45. 如果要在幻灯片视图中预览动画，应（　　）。

A. 单击【动画】/【动画】组的“播放”按钮

B. 单击【动画】/【动画】组的“预览”按钮

C. 单击【动画】/【预览】组的“预览”按钮

D. 按“F5”键

46. 如果要在“动画窗格”中更改幻灯片上各对象出现的顺序，一般可通过（　　）调整。

A. 选择需调整的动画，将其拖至所需位置

B. 选择需调整的动画，单击鼠标右键，通过右键快捷菜单进行调整

C. 【动画】/【动画】组

D. 【动画】/【高级动画】组

47. 在 PowerPoint 中，一般通过（　　）添加动作按钮。

A. 【插入】/【插图】组　　B. 【插入】/【动作】组

C. 【插入】/【对象】组　　D. 【插入】/【链接】组

48. “动作设置”对话框中的“鼠标移过”表示（　　）。

A. 所设置的按钮采用单击鼠标执行动作的方式

B. 所设置的按钮采用双击鼠标执行动作的方式

C. 所设置的按钮采用自动执行动作的方式

D. 所设置的按钮采用鼠标移过执行动作的方式

49. 如果要创建一个指向某一程序的动作按钮，应单击选中“动作设置”对话框中的（　　）单选项。

A. 无动作　　B. 运行对象　　C. 运行程序　　D. 超链接到

50. PowerPoint 中显示页码和日期等对象时，可以通过（　　）进行设置。

A. 视图　　B. 屏幕　　C. 幻灯片　　D. 母版

二、多选题

1. 下列关于在 PowerPoint 中创建新幻灯片的叙述，正确的有（　　）。

A. 新幻灯片可以用多种方式创建

B. 新幻灯片只能通过幻灯片窗格来创建

C. 新幻灯片的输出类型可以根据需要来设置

D. 新幻灯片的输出类型固定不变

2. 下列关于在幻灯片占位符中插入文本的叙述，正确的有（　　）。

A. 插入的文本一般不加限制

B. 插入的文本文件有很多条件

C. 插入标题文本一般在状态栏进行

D. 插入标题文本可以在大纲区进行

3. 在 PowerPoint 幻灯片浏览视图中，可进行的操作有（　　）。

A. 复制幻灯片　　B. 对幻灯片文本内容进行编辑修改

C. 设置幻灯片的切换效果　　D. 设置幻灯片对象的动画效果

4. 下列操作中，会打开“另存为”对话框的有（　　）。

A. 打开某个演示文稿，修改后保存

B. 建立演示文稿的副本，以不同文件名保存

C. 第一次保存演示文稿

D. 将演示文稿保存为其他格式的文件

5. 为了便于编辑和调试演示文稿，PowerPoint 提供了多种视图方式，这些视图方式包括（　　）。

A. 普通视图　　B. 幻灯片浏览视图

C. 幻灯片放映视图　　D. 备注页视图

6. 在 PowerPoint 的幻灯片浏览视图中，可进行（　　）操作。

A. 复制幻灯片　　B. 删除幻灯片

C. 幻灯片文本内容的编辑修改　　D. 重排演示文稿所有幻灯片的次序

7. 下列关于在 PowerPoint 中选择文本的说法，正确的有（　　）。

A. 文本选择完毕，所选文本会出现底纹　　B. 文本选择完毕，所选文本会变成闪烁

C. 单击文本区，会显示文本插入点　　D. 单击文本区，文本框会变成闪烁

8. 下列有关移动和复制文本的叙述，正确的有（　　）。

A. 剪切文本的是“Ctrl+P”组合键

B. 复制文本的是“Ctrl+C”组合键

C. 文本复制和剪切是有区别的

D. 单击“粘贴”按钮的功能与“Ctrl+V”组合键一样

9. 下列关于在 PowerPoint 中设置文本字体的叙述，正确的有（　　）。

A. 设定文本字体之前必须先选择文本或段落

B. 文字字号中50号字比60号字大

C. 设置文本的字体时，可通过【开始】/【编辑】组进行

D. 选择设置效果选项可以加强文字的显示效果

10. 下列关于在 PowerPoint 中创建表格的说法，正确的有（　　）。

A. 打开一个演示文稿，选择需要插入表格的幻灯片，通过【插入】/【表格】组可创建表格

B. 单击“表格”按钮，在打开的下拉列表中直接设置表格的行数和列数

C. 在表格对话框中要输入插入的行数和列数

D. 完成插入后，表格的行数和列数无法修改

11. 下列选项中，可用于结束幻灯片放映的操作有（　　）。

A. 按“Esc”键

B. 按“Ctrl+E”组合键

C. 按“Enter”键

D. 单击鼠标右键，在弹出的快捷菜单中选择“结束放映”命令

12. 下列选项中，可以设置动画效果的幻灯片对象有（　　）。

A. 声音和视频　　B. 文字　　C. 图片　　D. 图表

13. 关于在幻灯片中插入音频的操作，下列说法正确的是（　　）。

A. 插入声音的操作包括插入“文件中的音频”和“剪贴画音频”

B. 在幻灯片中插入声音后，当前幻灯片中会出现一个声音图标，选择该图标可对声音进行编辑

C. 通过“动画”功能组执行插入声音的操作

D. 通过【播放】/【音频选项】组可对声音播放方式进行设置

14. 下列说法正确的有（　　）。

A. 通过【插入】/【媒体】组插入视频文件

B. 在幻灯片中插入视频后，可对视频外观进行设置和美化

C. 插入视频的操作包括插入“本地文件中的视频”和“剪贴画视频”

D. 在“插入视频”对话框中，只须双击要插入的影片即可完成插入

15. 下列关于动画设置的说法，正确的有（　　）。

A. 通过【动画】/【动画】组可添加动画

B. 如果要预览动画，可在【动画】/【预览】组中单击“预览”按钮

C. 动画效果只能通过播放状态预览，不能直接预览

D. 单击“动画窗格”按钮，在打开的窗格中可对动画效果进行详细设置

16. 下列属于常用动画效果的是（　　）。

A. 飞入　　B. 擦除　　C. 形状　　D. 打字机

17. 在“动作设置”对话框设置动作时，主要可对（　　）动作执行方式进行设置。

A. 单击鼠标　　B. 双击鼠标　　C. 鼠标移过　　D. 按任意键

18. 下列关于在 PowerPoint 中应用模板的叙述，正确的有（　　）。

A. 在【插入】/【主题】组的列表框中直接选择模板

B. 在使用模板之前，可以先预览模板内容

C. 不应用设计模板，将无法设计幻灯片

D. PowerPoint提供了很多自带的模板样式

三、判断题

1. 在 PowerPoint 大纲视图模式下，可以实现在其他视图中可实现的一切编辑功能。（　　）

2. 插入幻灯片的方法一般有在当前幻灯片后插入新幻灯片、在“大纲”选项卡中插入幻灯片和在浏览视图中添加幻灯片 3 种。（　　）

3. 直接按“Ctrl+N”组合键可以在当前幻灯片后插入新幻灯片。（　　）

4. 当要移动多张连在一起的幻灯片时，先选择要移动多张幻灯片中的第一张，然后按住“Shift”键单击最后一张幻灯片，再进行移动操作即可。（　　）

5. PowerPoint 2010 是 Office 2010 中的组件之一。（　　）

6. 单击“大纲”选项卡后，窗口左侧的列表区将列出当前演示文稿的文本大纲，在其中可进行切换幻灯片，并进行编辑操作。（　　）

7. 在 PowerPoint 2010 中的默认视图是幻灯片浏览视图。（　　）

8. 在幻灯片浏览视图中不能编辑幻灯片中的具体内容。（　　）

9. 编辑区主要用于显示和编辑幻灯片的内容，它是演示文稿的核心部分。（　　）

10. 在 PowerPoint 2010 中，通过单击【开始】/【幻灯片】组中的“节”按钮，可使用节功能。（　　）

11. 在占位符中添加的文本无法进行修改。（　　）

12. 在 PowerPoint 的形状中添加了文本后，插入的形状无法改变其大小。（　　）

13. 在 PowerPoint 中设置文本的字体格式时，文字的效果选项可以选择不进行设置。（　　）

14. 动画计时和切换计时指设置切换和动画效果时对其速度的设定。（　　）

15. 通过幻灯片的占位符，不能插入图片对象。（　　）

16. 在幻灯片中插入声音指播放幻灯片的过程中一直有该声音出现。（　　）

17. 如果在拥有母版的演示文稿中添加幻灯片后，新添加的幻灯片也将应用到该母版格式中。（　　）

18. 用户只能为文本对象设置动画效果。（　　）

19. 在幻灯片中，如某对象前无动画符号标记表示该对象无动画效果。（　　）

20. 在放映幻灯片的过程中，用户还可设置其声音效果。（　　）

21. 母版可用来为同一演示文稿中的所有幻灯片设置统一的版式和格式。（　　）

22. 幻灯片所做的背景设置只能应用于所有幻灯片中。（　　）

23. 在 PowerPoint 创建了幻灯片后，该幻灯片即具有了默认的动画效果。如果用户对该效果不满意，可重新设置。（　　）

24. 打印幻灯片讲义时通常是一张纸上打印一张幻灯片。（　　）

25. 在 PowerPoint 中，排练计时是经常使用的一种设定时间的方法。（　　）

26. 如果要终止幻灯片的放映，可直接按“Esc”键。（　　）

27. PowerPoint 的对象应用包括文本、表格、插图、相册、媒体、逻辑节等。（　　）

28. 在“动画”选项卡的“动画”组中，有 4 种类型的动画方案，分别是进入动画方案、强调动画方案、退出动画方案和动作路径方案。（　　）

29. 在 PowerPoint 中，用户可根据需要将幻灯片输出为图片或视频。（　　）

30. 为演示文稿设置排练计时，可以更准确地对放映过程进行掌控。（　　）

四、操作题

1. 新建演示文稿，并进行下列操作。

（1）新建空白演示文稿，为其应用“平衡”模板样式。

（2）新建 1 张幻灯片，在其中插入一个文本框，输入“保护生态”，并将其字体设置为“微软雅黑、48”。

扫一扫

第7章　操作题1

（3）在第 2 张幻灯片中插入剪贴画“Tree，树 .wmf”图片。

（4）在第 3 张幻灯片中插入“水 .jpg”图片。

（5）在第 4 张幻灯片中插入“5 列 3 行”的表格。

（6）将演示文稿保存为“保护生态 .ppt”。

2. “年终总结 .ppt”演示文稿内容如图 7.1 所示，按以下要求进行操作。

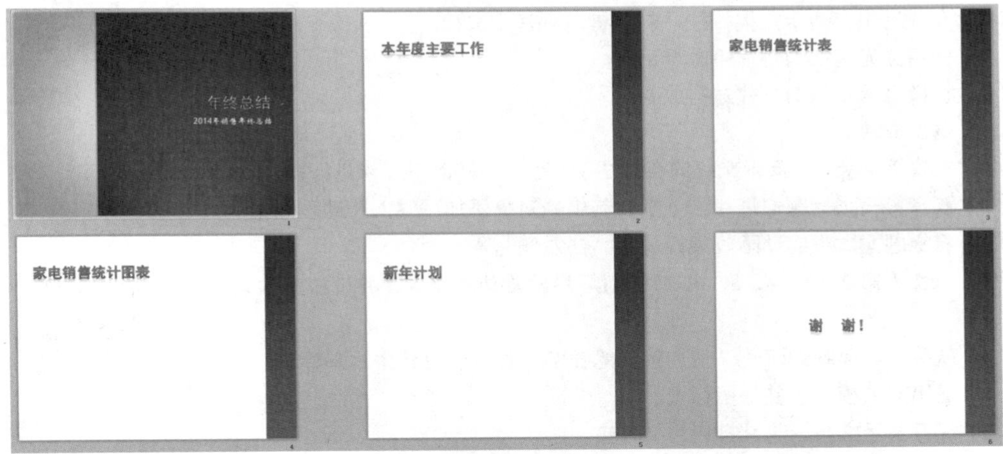

图 7.1 “年终总结”演示文稿

（1）启动 PowerPoint 2010，打开“年终总结. ppt”演示文稿。

（2）为演示文稿应用“新闻纸”模板。

（3）依次为每张幻灯片输入内容，设置内容文本格式为“微软雅黑、20”，设置标题文本格式为“微软雅黑、36”。

扫一扫

第7章　操作题2

（4）为文本内容添加项目符号，并插入图片。

（5）设置图片格式为“映像圆角矩形”。

（6）在幻灯片中添加图表、表格。

（7）保存演示文稿。

3. “市场调查 .ppt”演示文稿内容如图 7.2 所示，按以下要求进行操作。

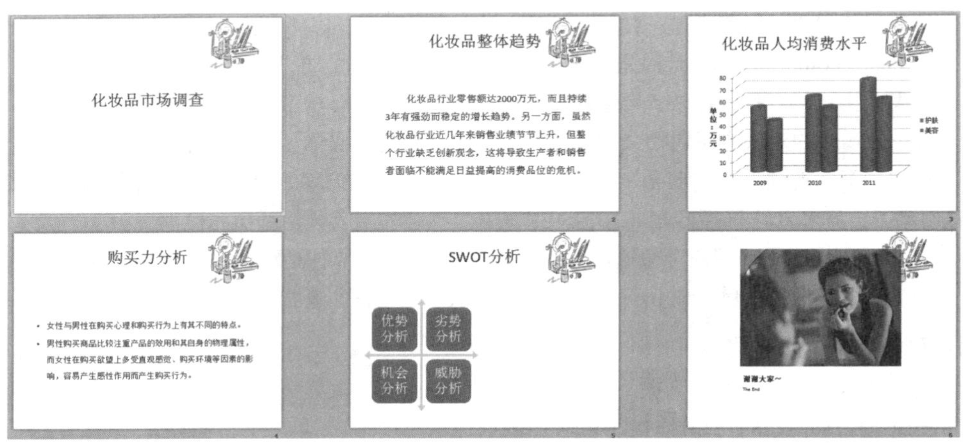

图 7.2 “市场调查”演示文稿

（1）打开演示文稿，为其应用“角度”幻灯片模板样式，进入幻灯片母版，在内容幻灯片的标题占位符下绘制一条横线。

（2）插入“logo.jpg”图片，调整至合适大小后置于幻灯片左上角。

（3）设置幻灯片内容的文本格式为“微软雅黑，18”。

（4）退出幻灯片母版。

（5）依次在每张幻灯片中输入文本，并调整占位符的位置。

（6）完成后保存演示文稿，按“F5”键放映演示文稿。

（7）使用荧光笔在幻灯片中做标记。

（8）切换至第 3 张幻灯片进行放映。

（9）退出放映。

扫一扫

第7章　操作题3

4. “礼仪培训 .ppt”演示文稿内容如图 7.3 所示，按以下要求进行操作。

（1）选择第一张标题幻灯片，分别为其中的对象添加“飞入”动画效果。

（2）将标题文本框的动画效果设置为“自左侧”。

（3）依次为第 2、3、4、5、6、7 张幻灯片设置动画效果，并设置其效果选项。

（4）从头开始放映幻灯片，使用荧光笔在幻灯片放映过程中添加标记。

（5）退出放映模式，并保留标记。

（6）保存演示文稿，将其打包为文件夹。

扫一扫

第7章　操作题4

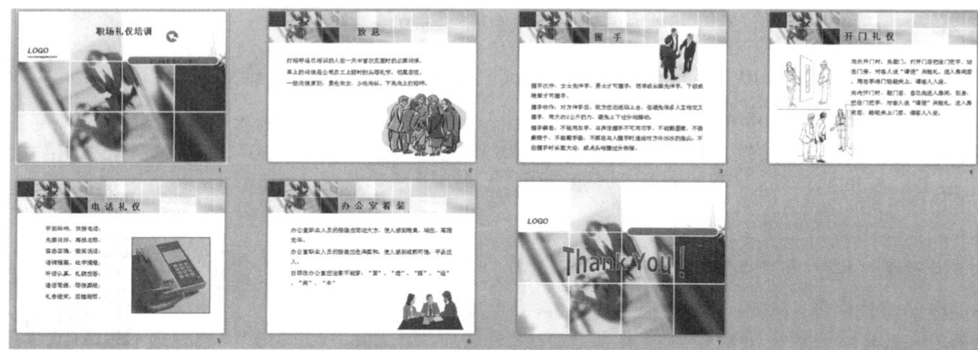

图 7.3 “礼仪培训”演示文稿

Chapter

8

第8章 常用工具软件

一、单选题

1. “Ghost”是 Symantec 公司旗下一款出色的（　　）工具。

   A. 硬盘备份还原　　B. 文件下载

   C. 数据恢复　　D. 压缩和解压缩

2. Symantec Ghost 的主要功能是（　　）操作。

   A. 以硬盘的扇区为单位进行数据的备份与还原

   B. 为当前文件创建映像文件

   C. 对错误文件进行查找和修复

   D. 进行文件的下载

3. 在 Ghost 状态下备份数据实际上是（　　）。

   A. 将备份数据保存到虚拟硬盘中

   B. 将整个磁盘中的数据复制到另外一个磁盘上

   C. 将源文件上传到专门的服务器中

   D. 队源文件的位置进行了移动

4. 在 Ghost 主界面中，通过键盘中的方向键“↑”“↓”“→”和“←”，可以（　　）。

   A. 调整文件位置　　B. 调整备份数据

   C. 选择命令　　D. 设置文件备份方式

5. 如果出现磁盘数据丢失或操作系统崩溃的现象，可利用（　　）恢复以前备份的数据。

   A. 文件恢复向导　　B. FinalData　　C. WinRAR　　D. Ghost

6. 如果想使用 Ghost 还原系统，必须先对系统进行备份，且（　　）。

   A. 对备份文件进行压缩　　B. 系统运行正常

   C. 保证所备份系统的状态必须健康正常　　D. 对备份文件进行上传

7. FinalData 是一款功能比较强大的（　　）工具。

   A. 硬盘备份还原　　B. 文件下载

   C. 数据恢复　　D. 压缩和解压缩

8. FinalData 的文件向导恢复功能可以对各种常用文件进行恢复，如 Office 文件修复、电子邮件和（　　）。

   A. 系统文件修复　　B. 本地文件修复

   C. 高级数据恢复　　D. 影音文件修复

9. WinRAR 可以将电脑中的多个文件或文件夹压缩成（　　）文件，压缩后可以保留源文件，也可将其删除。

   A. 一个　　B. 多个

   C. 只能一个　　D. 可以一个或多个

10. 用 WinRAR 软件可以创建具有自解压功能的（　　）文件。

A. .exe　　B. .dll　　C. .rar　　D. .zip

11. 在 WinRAR 工作界面的工具栏中单击（　　）按钮，也可以创建压缩文件。

A. 添加　　B. 压缩　　C. 创建　　D. 新建

12. 当要在网上传输特别大的文件时，最好的方法是采用（　　）的方法。

A. 右键压缩　　B. 直接压缩　　C. 分卷压缩　　D. 命令压缩

13. 迅雷是一个提供（　　）的工具软件。

A. 下载和自主上传服务　　B. 系统备份

C. 数据恢复　　D. 压缩和解压缩

14. 迅雷下载工具的下载模式不包括（　　）。

A. 下载优先模式　　B. 智能上网模式　　C. 自定义模式　　D. 游戏模式

15. SnagIt 捕获后的图像不可以保存为（　　）格式。

A. JPEG　　B. PSD　　C. GIF　　D. PNG

16. Snagit 捕捉图形后，在“Snagit 编辑器”预览窗口中直接按（　　）组合键，可以保存图像。

A. Ctrl+S　　B. Alt+S　　C. Alt+D　　D. Ctrl+D

17. 在 Foxmail 中可建立（　　）用户账户。

A. 一个　　B. 两个　　C. 多个　　D. 不确定

18. 在 Foxmail 中不可对邮件进行（　　）操作。

A. 复制　　B. 翻译　　C. 删除　　D. 保存

19. Foxmail 的“收件箱”中邮件能否被彻底删除？（　　）

A. 能　　B. 不能　　C. 视邮件大小而定　　D. 不确定

20. Foxmail 邮件客户端提供了强大的地址簿功能，通过它能够方便地管理（　　）。

A. 邮箱地址和个人信息　　B. 邮件内容

C. 回收站的邮件　　D. 附件

二、多选题

1. FinalData 可以对（　　）进行修复。

A. Office文件　　B. 电子邮件

C. 高级数据　　D. 图形图像文件

2. 下列方法中，可以进行文件解压操作的是（　　）。

A. 通过开始菜单解压文件　　B. 通过菜单命令解压文件

C. 通过右键快捷菜单解压文件　　D. 通过任务栏解压文件

3. WinRAR 压缩工具具备下列（　　）功能。

A. 压缩文件　　B. 解压文件

C. 修复损坏的压缩文件　　D. 扫描压缩文件

4. 使用 Snagit 捕捉后的图像可以根据需要保存为（　　）等格式。

A. PNG　　B. TIF　　C. GIF　　D. JPEG

5. Foxmail 为用户提供了（　　）等邮件管理功能。

A. 接收邮件　　B. 恢复邮件

C. 转发邮件　　D. 使用地址簿发送邮件

三、判断题

1. Symantec Ghost 可以将一个磁盘上的内容全部复制到另一个磁盘上，也可以将磁盘内容复制为一个磁盘的镜像文件，用镜像文件创建一个原始磁盘的备份。 ( )

2. Symantec Ghost 既可以备份操作系统，又可以还原操作系统。 ( )

3. 回收站中的文件被误删、磁盘根区被病毒损坏造成的文件信息丢失、物理故障造成 FAT 表或磁盘根区不可读、磁盘格式化造成的文件信息丢失等，都可以使用 FinalData 进行恢复。 ( )

4. FinalData 的文件向导恢复功能只能对 Office 文件进行恢复。 ( )

5. 在 WinRAR 中可以在压缩包中添加文件，还可以删除压缩包中的某个文件。 ( )

6. 通过 WinRAR 压缩工具不仅可以压缩和解压缩文件，而且可以对压缩包进行加密保护。( )

7. 若在右键快捷菜单中选择"解压文件"命令，将会打开解压路径和选项对话框。 ( )

8. 已经创建的压缩包中的文件不能改变。 ( )

9. 必须使用 WinRAR 才能对压缩文件进行解压。 ( )

10. 使用 WinRAR 可以将一个文件压缩为几个分卷。 ( )

11. 文件压缩是指将一个较大的文件压缩成一个容量较小的文件，以此来节约磁盘空间，提高文件传输速率。 ( )

12. 如果在解压缩包过程中提示遇到错误，只能删除文件重新压缩。 ( )

13. Snagit 是一款非常优秀且功能强大的屏幕截图软件。 ( )

14. Snagit 为用户提供了多种预设的捕捉配置方案。 ( )

15. 在网上下载工具软件只能使用迅雷进行下载。 ( )

16. 迅雷是目前最流行的下载工具软件之一，它只提供了文件下载服务。 ( )

17. 使用迅雷下载网络资源时，只能采用离线下载和批量下载的方法。 ( )

18. 在迅雷的工作界面中选择任务后，直接按"Delete"键可删除任务。 ( )

19. 迅雷下载工具除了可以下载网络资源外，还可以对下载任务进行管理。 ( )

20. 在下载任务的过程中，由于某些因素导致任务下载中断，或需关闭迅雷下载工具时，只能重新开始下载该任务。 ( )

21. 在迅雷中，可以采用添加 URL 地址的形式进行下载。 ( )

22. 利用迅雷软件成功下载文件后，该文件将被自动保存到"我的下载"选项卡的已完成栏中。 ( )

23. 在 Foxmail 工作界面中间的邮件列表框中的任意一封邮件上单击鼠标右键，然后在弹出的快捷菜单中选择"将发件人加入地址簿 / 默认"命令，即可快速将该联系人的电子邮箱地址和姓名等信息添加到地址簿中。 ( )

24. 只需启动 Foxmail 就可自动登录到相应的电子邮箱查收邮件。 ( )

25. 在 Foxmail 工作界面中选择要删除的邮件后，直接按键盘上的"Delete"键，将彻底删除邮件。 ( )

四、操作题

1. 使用系统备份工具 Symantec Ghost，对系统进行备份。
2. 使用数据恢复工具 FinalData 对系统盘文件进行扫描，并恢复误删除文件。
3. 在计算机中安装 WinRAR，对大型文件进行分卷压缩。
4. 通过搜索引擎查找搜狗拼音输入法的安装程序，然后使用迅雷进行下载。

5. 使用 Snagit“捕获”栏中的“多合一”方案，来捕捉当前窗口，并将捕捉的图形保存到桌面上。

6. 新建一个名为“窗口—剪贴板”的捕捉方案，将其热键设置为“F2”，完成图像捕捉后在“Snagit 编辑器”窗口中进行预览和编辑。

7. 登录 FoxMail 邮件客户端后，选择“收件箱”选项，接收并查看邮件内容。然后新建一个“朋友”分组，向“朋友”组中的成员群发邮件。

8. 通过 Foxmail 接收好友发送的邮件，然后新建一个联系人卡片。

9. 在 Foxmail 中添加和配置一个用户账户，给朋友发送邮件。

10. 将自己的私人邮箱添加到 Foxmail 中，并对该邮箱中的邮件进行收取和管理操作。

Chapter 9

第9章 信息安全与职业道德

一、单选题

1. 下列不属于信息安全影响因素的是（　　）。
   A. 硬件因素　B. 软件因素　C. 人为因素　D. 常规操作
2. 下列不属于信息安全技术的是（　　）。
   A. 加密技术　B. 访问控制技术
   C. 防火墙技术　D. 系统安装与备份技术
3. 加密系统中未加密的信息被称为明文，经过加密后即称为（　　）。
   A. 密文　B. 暗文　C. 密码　D. 暗码
4. 防火墙系统的主要用途是（　　）。
   A. 禁止外部网络接入　B. 对系统进行实时保护
   C. 禁止用户访问不安全网页　D. 控制对受保护网络的往返访问
5. 下列选项中，不属于防火墙功能的是（　　）。
   A. 禁止不安全的NFS协议进出受保护网络
   B. 防止攻击者利用脆弱的协议来攻击内部网络
   C. 防止未经允许的访问进入外部网络
   D. 对病毒进行隔离和删除
6. 计算机病毒是指能通过自身复制传播而产生破坏的一种（　　）。
   A. 安装软件　B. 计算机程序　C. 文本　D. 有害病毒
7. 下列不属于计算机病毒特点的是（　　）。
   A. 传染性　B. 危害性　C. 暴露性　D. 潜伏性
8. 为了对病毒进行有效地防治，用户应（　　）。
   A. 拒绝接受邮件　B. 不下载网络资源
   C. 定期对计算机进行病毒扫描和查杀　D. 勤换系统

二、多选题

1. 要保证信息安全，则须不断对（　　）等方面进行完善。
   A. 先进的技术　B. 法律约束　C. 严格的管理　D. 安全教育
2. 密码技术包括（　　）两个部分的内容。
   A. 加密　B. 研究　C. 解密　D. 编写
3. 从原理上进行区分，可将密码体制分为（　　）。
   A. 对称密钥密码体制　B. 非对称密钥密码体制
   C. 传统密码体制　D. 非传统密码体制

4. 下列属于防范病毒的有效方法的是（　　）。
   A. 最好不使用和打开来历不明的光盘和可移动存储设备
   B. 在上网时不随意浏览不良网站
   C. 定时扫描计算机中的文件并清除威胁
   D. 不下载和安装未经过安全认证的软件

5. 下列属于黑客常用的攻击方式是（　　）。
   A. 获取口令　　B. 利用账号进行攻击
   C. 电子邮件攻击　　D. 寻找系统漏洞

三、判断题

1. 对称密钥密码体制又称为单密钥密码体制，是一种传统密码体制。（　　）
2. 防火墙是一种位于内部网络之间的网络安全防护系统。（　　）
3. 计算机病毒能寄生在系统的启动区、设备的驱动程序、操作系统的可执行文件中。（　　）
4. 计算机病毒主要包括传染性、危害性、隐蔽性、潜伏性、诱惑性等特点。（　　）
5. 计算机病毒的危害性很大，如果用户计算机感染了病毒，则只能重装系统（　　）
6. 电子邮件攻击主要表现为电子邮件轰炸和电子邮件诈骗两种形式。（　　）
7. 公开密钥密码体制又称对称密码体制或双密钥密码体制。（　　）
8. 公开密钥密码体制的特点是公钥公开，私钥保密。（　　）
9. 根据黑客攻击手段的不同，可将其分为非破坏性攻击和破坏性攻击两种类型（　　）

Chapter 10

第10章 计算机新技术及应用

一、单选题

1. 下列不属于云计算特点的是（　　）。

A. 高可扩展性　　B. 按需服务　　C. 高可靠性　　D. 非网络化

2. 下列不属于云的应用范围的是（　　）。

A. 云安全　　B. 云储存　　C. 云大小　　D. 云游戏

3. 云存储是一种新兴的（　　）技术。

A. 网络存储　　B. 网络安全

C. 网络杀毒　　D. 网络数据筛选

4. 下列不属于典型大数据常用的单位是（　　）。

A. MB　　B. ZB　　C. PB　　D. EB

5. （　　）是一种可以创建和体验虚拟世界的计算机仿真系统。

A. 虚拟现实技术　　B. 增强现实技术

C. 混合现实技术　　D. 影像现实技术

6. AR 技术是指（　　）。

A. 虚拟现实技术　　B. 增强现实技术

C. 混合现实技术　　D. 影像现实技术

7. 3D 打印是一种快速成型技术，以（　　）为基础。

A. 数字虚拟文件　　B. 网络打印架构　　C. 数字模型文件　　D. 打印设备

8. 下列数据计量单位的换算中，错误的是（　　）。

A. 1 024EB=1ZB　　B. 1 024ZB=1YB

C. 1 024YB=1NB　　D. 1 024NB=1PB

二、多选题

1. 云计算主要可应用在以下（　　）领域。

A. 医药医疗　　B. 制造　　C. 金融与能源　　D. 教育科研

2. 云计算技术中主要包括（　　）几种角色。

A. 资源的整合运营者　　B. 资源的使用者

C. 终端客户　　D. 资源分析管理者

3. 在物联网应用中，主要涉及（　　）几项关键技术。

A. 传感器技术　　B. 全息影响

C. RFID标签　　D. 嵌入式系统技术

4. 下列属于大数据的典型应用案例的是（　　）。

A. 高能物理　　B. 网页推荐系统

C. 搜索引擎系统　　D. 淘宝钻展推荐

5. 在对大数据进行分析处理的过程中，主要经过以下（　　）步骤。

A. 数据抽取与集成　　B. 数据筛选与分析

C. 数据统计与挖掘　　D. 数据解释与展现

三、判断题

1. 云计算技术具有高可靠性和安全性。（　　）

2. 物联网系统不需要大量的存储资源来保存数据，重点是快速完成数据的分析和处理工作。（　　）

3. 云安全是云计算技术的重要分支，在反病毒领域获得了广泛应用。（　　）

4. 搜索引擎是常见的大数据系统。（　　）

5. MR 指介导现实或混合现实，是一种实时计算摄影机影像位置及角度，并赋予其相应图像、视频、3D 模型的技术。（　　）

附录　参考答案

第1章

一、单选题

1	2	3	4	5	6	7	8	9	10
D	B	C	C	B	C	A	A	B	A
11	12	13	14	15	16	17	18	19	20
B	B	D	A	B	B	B	C	D	B
21	22	23	24	25	26	27	28	29	30
C	B	A	A	B	A	D	B	C	B
31	32	33	34	35	36	37	38		
B	A	D	D	D	B	C	D		

二、多选题

1	2	3	4	5	6	7	8	9	
ABCD	ABC	ABD	AD	AD	ACD	ACD	BCD	ABCD	

三、判断题

1	2	3	4	5	6	7	8	9	10
√	×	×	×	√	√	√	√	×	×
11	12	13	14	15	16	17	18	19	20
×	√	×	×	√	×	√	×	√	√
21	22	23	24	25					
√	√	×	×	×					

第2章

一、单选题

1	2	3	4	5	6	7	8	9	10
B	B	B	D	A	C	B	C	A	A
11	12	13	14	15	16	17	18	19	20
A	C	C	C	D	D	C	B	B	D
21	22	23	24	25	26	27	28	29	30
A	A	C	C	C	B	B	B	B	D
31	32	33	34	35					
A	B	B	C	A					

二、多选题

1	2	3	4	5	6	7	8	9	10
ACD	ABD	AC	ABD	CD	AC	AD	ABD	BD	ABC
11	12	13	14	15					
ABCD	AD	ABCD	ABCD	ABCD					

三、判断题

1	2	3	4	5	6	7	8	9	10
√	√	×	×	√	×	×	√	×	×
11	12	13	14	15	16	17	18		
√	√	×	√	×	×	×	√		

第3章

一、单选题

1	2	3	4	5	6	7	8	9	10
A	C	A	A	B	D	A	B	D	A
11	12	13	14	15	16	17	18	19	20
C	C	D	A	B	A	B	C	C	D
21	22	23	24	25	26	27	28	29	30
C	C	D	A	B	A	B	A	D	A
31	32	33	34	35	36	37	38	39	40
B	C	D	D	C	A	C	A	B	C
41	42	43	44	45	46	47	48	49	50
A	D	D	C	A	D	D	C	D	A

二、多选题

1	2	3	4	5	6	7	8	9	10
BD	ABCD	AD	ABCD	ABC	ABCD	BD	ACD	ABCD	ABC
11	12	13	14	15	16	17	18	19	20
ABCD	ABC	ABC	AC	ABCD	ABCD	BD	ACD	ABCD	ABCD
21	22	23	24						
CD	ACD	ABCD	BCD						

三、判断题

1	2	3	4	5	6	7	8	9	10
√	√	×	×	√	√	×	√	√	√
11	12	13	14	15	16	17	18	19	20
×	×	√	×	√	×	√	×	√	√
21	22	23	24	25	26	27	28	29	30
√	×	√	√	√	√	√	×	√	√
31	32	33	34	35	36	37	38	39	40
√	×	×	√	√	√	×	×	×	√
41	42	43	44	45					
√	×	√	√	√					

四、操作题（略）

第4章

一、单选题

1	2	3	4	5	6	7	8	9	10
A	A	B	C	D	C	B	D	B	C
11	12	13	14	15	16	17	18	19	20
D	A	A	A	A	D	A	D	A	D
21	22	23	24	25	26	27	28	29	30
D	C	B	D	B	D	C	C	B	D
31	32	33	34	35	36	37	38	39	40
A	D	C	B	C	D	B	C	A	A
41	42	43							
A	B	D							

二、多选题

1	2	3	4	5	6	7			
ABC	ABCD	ABC	AC	ABCD	BC	ABCD			

三、判断题

1	2	3	4	5	6	7	8	9	10
√	√	×	×	√	×	√	×	×	√
11	12	13	14	15	16	17	18	19	20
×	×	√	×	×	×	√	√	×	×

四、操作题（略）

第5章

一、单选题

1	2	3	4	5	6	7	8	9	10
B	A	B	A	A	B	A	C	B	D
11	12	13	14	15	16	17	18	19	20
A	A	C	A	A	B	A	C	C	A
21	22	23	24	25	26	27	28	29	30
A	A	C	C	B	D	D	B	B	D
31	32	33	34	35	36	37	38	39	
A	A	C	A	D	B	A	A	A	

二、多选题

1	2	3	4	5	6	7	8	9	10
ABCD	ABC	ABCD	ABC	ABCD	ABD	ABCD	ACD	ABC	ACD
11	12	13	14	15					
ABD	ABCD	ABCD	ABCD	ABCD					

三、判断题

1	2	3	4	5	6	7	8	9	10
√	√	×	√	√	√	×	×	×	×
11	12	13	14	15	16	17	18	19	20
√	√	×	×	×	√	√	√	×	√
21	22	23	24	25	26	27	28	29	30
√	×	√	√	√	×	×	×	√	×
31	32	33	34	35	36	37	38	39	40
×	√	√	×	×	×	√	×	√	×

四、操作题（略）

第6章

一、单选题

1	2	3	4	5	6	7	8	9	10
C	A	C	B	C	B	B	A	C	C
11	12	13	14	15	16	17	18	19	20
B	A	A	C	A	A	D	C	A	A
21	22	23	24	25	26	27	28	29	30
A	D	D	B	B	D	D	B	B	D
31	32	33	34	35	36	37	38	39	40
C	A	D	B	C	B	A	C	C	B

二、多选题

1	2	3	4	5	6	7	8	9	10
ABC	AC	ACD	AB	ABCD	ABCD	ABC	AD	CD	AC
11	12	13	14	15	16	17	18	19	20
AB	CD	BCD	ACD	AD	ACD	CD	ABC	AC	CD

三、判断题

1	2	3	4	5	6	7	8	9	10
√	×	√	√	×	√	×	×	√	×
11	12	13	14	15	16	17	18	19	20
√	×	×	√	×	√	√	√	√	√
21	22	23	24	25	26	27	28	29	30
√	×	√	√	×	√	×	√	√	√
31	32	33	34	35	36	37	38	39	40
√	×	√	√	×	×	×	√	√	×

四、操作题（略）

第7章

一、单选题

1	2	3	4	5	6	7	8	9	10
C	B	B	D	D	D	D	D	D	D
11	12	13	14	15	16	17	18	19	20
A	B	B	A	D	A	D	B	A	A
21	22	23	24	25	26	27	28	29	30
D	C	A	D	D	D	D	B	A	D
31	32	33	34	35	36	37	38	39	40
D	C	D	B	A	A	D	B	C	D
41	42	43	44	45	46	47	48	49	50
A	D	A	D	C	A	A	D	C	D

二、多选题

1	2	3	4	5	6	7	8	9	10
AC	AD	AC	BCD	ABCD	ABD	AC	BC	AD	ABC
11	12	13	14	15	16	17	18		
AD	ABCD	ABD	ABCD	ABD	ABC	AC	ABD		

三、判断题

1	2	3	4	5	6	7	8	9	10
×	√	×	√	√	√	×	√	√	√
11	12	13	14	15	16	17	18	19	20
×	×	√	√	×	×	√	×	√	√
21	22	23	24	25	26	27	28	29	30
√	×	×	×	√	√	√	√	√	√

四、操作题（略）

第8章

一、单选题

1	2	3	4	5	6	7	8	9	10
A	A	B	C	D	C	C	C	D	A
11	12	13	14	15	16	17	18	19	20
A	C	A	D	B	A	C	B	A	A

二、多选题

1	2	3	4	5					
ABC	BC	ABC	ABCD	ABCD					

三、判断题

1	2	3	4	5	6	7	8	9	10
√	√	√	×	√	√	√	×	×	√
11	12	13	14	15	16	17	18	19	20
√	×	√	√	×	×	×	√	√	×
21	22	23	24	25					
√	√	√	√	×					

四、操作题（略）

第9章

一、单选题

1	2	3	4	5	6	7	8		
D	D	A	D	D	B	C	C		

二、多选题

1	2	3	4	5					
ABCD	AC	AB	ABCD	ABCD					

三、判断题

1	2	3	4	5	6	7	8	9	
√	×	√	√	×	√	×	√	√	

第10章

一、单选题

1	2	3	4	5	6	7	8		
D	C	A	A	A	B	C	D		

二、多选题

1	2	3	4	5					
ABCD	ABC	ACD	ABCD	ABCD					

三、判断题

1	2	3	4	5					
√	×	√	√	×					